大夏心理·心理教室　·苏州大学本科教材基金资助项目·

创造心理学

阎力 / 著

华东师范大学出版社
全国百佳图书出版单位

献　给

湖南师范大学的恩师包尊显、贺菊媛

目 录 Contents

序　言 /001

第一章　创造心理学概论

第一节　创造心理学的研究对象 /002

第二节　创造心理学的研究方法 /002

　　一、观察法 /003

　　二、实验法 /003

　　三、测验法 /005

　　四、内省法 /005

　　五、访谈法 /006

　　六、问卷法 /006

　　七、案例分析法 /007

　　八、作业/作品分析法 /008

　　九、传记分析法 /008

第三节　创造心理学研究的职业道德 /008

　　一、真实性原则 /009

　　二、自愿的原则 /009

　　三、无害的原则 /009

　　四、保密的原则 /010

第四节　创造心理学的历史发展 /010
　　一、兴起时期（19世纪后期—20世纪初期）/011
　　二、思辨研究时期（20世纪初期—30年代）/013
　　三、实证研究阶段（20世纪30年代——70年代）/014
　　四、综合研究阶段（1970年—）/019

第二章　创造与创造力

第一节　创造与创造力 /024
　　一、创造与创新的概念 /024
　　二、创造力的概念 /025

第二节　关于创造力的理论 /028
　　一、现有创造力理论的综合评价 /028
　　二、创造力的基本理论 /030
　　三、创造的过程模型 /038

第三节　创造力的评估 /041
　　一、创造力评估的方法 /041
　　二、创造力的常见测量工具 /048
　　三、创造力测量的简短评价 /055

第四节　创造力发展的理论问题 /056
　　一、关于创造力的若干基本问题 /056
　　二、创造力发展问题的研究范式 /057
　　三、创造力的发展变化 /057
　　四、创造力的开发与发展 /057

第三章　创造的认识过程

第一节　创造性知觉 /060
　　一、知觉及其特点 /060
　　二、创造性知觉的特点 /061

三、创造性知觉产生的必要条件 /064

第二节　创造性思维 /066

一、创造性思维的概念 /067

二、创造性思维的特点 /068

三、创造性思维的本质和作用 /068

四、类比 /072

五、联想 /075

六、发散思维与聚合思维 /079

七、科学假说 /082

第三节　创造性想象 /087

一、想象的概念与特点 /087

二、想象在科学创造过程中的作用 /087

三、"理想模型"与"理想实验" /088

四、梦 /091

第四节　理论对创造的影响 /095

一、理论决定着观察和实验的设计 /095

二、理论影响着对问题的理解 /096

三、理论的错误和缺陷也是科学技术进步的机会 /097

第四章　创造的情感过程

第一节　情绪状态对创造活动的影响 /100

一、创造性焦虑 /100

二、激情 /101

三、热情 /102

四、心境 /103

第二节　高级社会情感形式在创造活动中的作用 /104

一、理智感与创造活动 /104

二、道德感与创造活动 /105

　　　　三、美感与创造活动 /107

第五章　意志与创造
第一节　创造是一种艰苦的心智活动 /116
第二节　创造过程中的外来压力 /120
　　　　一、来自理性方面的挑战 /121
　　　　二、来自非理性的反对 /123
第三节　顺境与逆境 /125

第六章　创造过程中的直觉、灵感和顿悟
第一节　直觉 /130
　　　　一、直觉的概念 /130
　　　　二、直觉的特点 /131
　　　　三、直觉在创造中的作用 /132
　　　　四、直觉能力的培养 /133
第二节　灵感 /134
　　　　一、灵感的概念 /134
　　　　二、灵感导致创造的典型案例 /134
　　　　三、灵感的特点 /136
　　　　四、灵感产生的模式 /137
　　　　五、科学家和艺术家论灵感及其作用 /138
第三节　顿悟 /142
　　　　一、顿悟的概念 /142
　　　　二、科学创造中的顿悟案例 /143
　　　　三、顿悟的特点 /147
　　　　四、顿悟发生的条件和模式 /155

第四节　直觉、灵感与顿悟的区别与联系 /147

第七章　创造性思维的形式化方法

第一节　创造方法概说 /150

　　一、创造方法的概念 /150

　　二、创造方法的特点 /151

　　三、创造方法的作用 /151

第二节　创造的若干方法 /152

　　一、智力激励法 /152

　　二、默写式智力激励法（635法）/154

　　三、德尔菲法 /154

　　四、逆头脑风暴法（缺点列举法）/155

　　五、反向思维法 /157

　　六、缺点利用法 /158

　　七、希望点列举法 /158

　　八、移植法 /160

　　九、组合法 /160

　　十、系统综合法 /161

第三节　创造方法的简要讨论 /162

第八章　创造与人格

第一节　创造与人格概说 /166

　　一、人格的概念 /166

　　二、创造与人格的一般关系 /167

第二节　高创造力个体的人格特征 /169

　　一、不同创造力个体的人格特质差异 /169

　　二、高创造力个体的兴趣特征 /170

　　三、高创造力个体的智力特征 /172

　　　　四、高创造力个体的人际关系特征 /172

　　　　五、高创造力个体的自我特征 /173

第三节　创造性人格的塑造 /176

　　　　一、人格是否可塑 /176

　　　　二、创造性人格的塑造 /178

第九章　创造过程与人际相互作用

第一节　创造过程中的人际相互作用 /184

　　　　一、人际相互作用的概念 /184

　　　　二、人际相互作用对创造活动的影响 /184

第二节　科学群体 /185

　　　　一、科学群体的概念 /185

　　　　二、科学共同体 /186

　　　　三、科学中的流派、学派与社团 /188

　　　　四、科研团队 /191

第三节　权威人物的影响 /194

　　　　一、什么是科学权威人物 /194

　　　　二、权威的积极作用 /195

　　　　三、权威的消极作用 /195

　　　　四、对权威的再认识 /197

　　　　五、权威的后续变化 /197

第十章　创造的社会—心理条件

第一节　适于创造的社会环境 /206

　　　　一、政治环境 /206

　　　　二、经济环境 /207

　　　　三、文化思想环境 /208

第二节　思维方式与科学传统 /210

　　一、思维方式 /210

　　二、科学传统 /211

第三节　社会管理体制 /212

　　一、创造活动对社会管理体制的要求 /212

　　二、行政管理恰当性的标准 /213

　　三、防止科学以外的因素干扰学术创新 /214

　　四、社会管理体制对创新活动要有足够的宽容 /215

第四节　教育与人才培养 /216

　　一、教育的目标是什么 /216

　　二、人才的本质特征 /220

　　三、创造力保护与开发 /223

后　记 /225

序 言

本书是在高校多年从事创造心理学教学过程中逐渐形成的。

创造心理学是研究创新或创造过程中人的心理和行为规律的心理学分支学科。在心理学众多的分支中尚属一门有待深入研究和系统完善的学科。

创造是一种高智能的社会活动。目前创造心理学的主流方向是两个，一个是以信息加工、大脑神经活动过程为研究重点的认知心理方向，另一个是以创新所需社会心理条件及相关影响因素为研究对象的社会心理方向。由于创造活动是人类最复杂的活动，对这个过程中的许多心理现象和规律人们还只是在探索中，离学科成果的系统整理和体系的完善建立还有很长的路要走。本书排列的章节内容绝不能被看作创造心理学的学科体系，它充其量只是学校教学过程所须有的体系之一而已。

本书可作为创造心理学入门级的读物，适合任何对创造心理学有兴趣的读者。

考虑到非心理学专业读者的知识背景和阅读兴趣，本书在写作上避免使用过于生僻的心理学专业术语和复杂的测量与实验数据，尽量通过实际的案例来诠释相应的概念和观点。

希望通过本书的阅读，能唤起人们对创造心理学的关注和兴趣，唤起对自身创造能力的关注和发展。

一

创造心理学概论

- 创造心理学的研究对象
- 创造心理学的研究方法
- 创造心理学研究的职业道德
- 创造心理学的历史发展

第一节　创造心理学的研究对象

创造心理学是研究创造过程中人的心理与行为规律的心理学分支学科。创造心理学的研究对象是创造过程中的心理现象。创造是一个复杂的过程，创造过程中的心理现象也是十分复杂的。创造心理学的研究包括但不限于以下一些内容：

（1）个体层面的创造心理问题，主要研究微观、个体层面的创造心理现象，包括创造与创造力，创造与人格，创造过程中的直觉、灵感、顿悟、类比、联想等心理现象。

（2）创造的心理过程，研究创造过程中人的认识、情感、意志等心理过程。

（3）创造的方法，研究创造的方法或技能，为创造力开发和创造性活动提供有效的程序化、规范化工具。

（4）群体层面的创造心理问题，主要研究中观、群体层面的心理现象及其对创造的影响，包括科研群体的形成，学派，传统习惯，权威的影响，群体规范，群体压力，群体极化等等。

（5）社会层面的创造心理问题，主要研究宏观、社会层面的因素对创造的影响，包括教育、文化传统、思维方式、社会环境、社会评价、社会公平等。

在上面列出的创造心理研究内容中，（1）、（2）内容属于创造的个体心理范畴，（3）属于创造技能的范畴，而（4）、（5）则属于创造性社会心理学的范畴。

创造心理学的研究内容应该是非常丰富的。上述内容只是出于教育和研究的方便而设定的。随着创造心理学研究的深入，更多的概念、范畴和研究成果会进入到创造心理学的学科体系中来。

第二节　创造心理学的研究方法

创造心理学研究对象的复杂性决定了其研究手段与方法的多样性。

心理学的研究方法在本质上都适用于创造心理学的研究，如观察、实验、测验、内省、调查、案例分析、作业（品）分析和传记分析等。

一、观察法

观察就是对创造心理现象进行"观"和"察"。观是看，察是分析研究。观察法就是在无人为干预的情况下对创造心理现象进行考察、记录和分析的一种研究方法。

按观察者是否直接参与活动过程，可以分为参与观察与非参与观察。按观察是否需要借助仪器设备，可以分为直接观察和间接观察。按观察是否有预定的内容结构，可以分为结构化观察与非结构化观察。按观察在时间上是否具有连续性，可以分为定期观察与追踪观察。无论何种观察，都必须有目的、有计划地进行，并做好详细的记录。

观察法的优点是简便易行，缺点是受制于观察对象。

观察法适用于下列方面的研究：

（1）人在创造过程中的行为反应或某种现象的有无；

（2）具体的创造操作过程；

（3）不同的环境、条件等因素对创造活动（包括心理、过程、结果）的影响。

观察法所记录的通常是人的行为。同一种行为背后的心理活动过程可能是不尽相同的，因此，对行为的动机及心理活动过程还需要通过其他方式方法来做进一步的分析研究。

二、实验法

实验法是在人为控制的条件下对创造心理现象进行研究的方法。实验法可以有效地控制各种变量，使得有关研究可以在一种比较"理想"或"纯粹"的情形下进行，便于精细地分析不同因素对创造活动的影响。

心理学本质上是一门实验的科学。科学的本质是揭示事物之间的因果关系，在心理学众多的研究方法当中，只有实验法最便于揭示因果关系。

一般来说，实验方法适用于下列方面的研究：

（1）探索主体、问题、环境、方法、组织、程序等不同因素对创造心理的影响；

（2）研究主体、问题、环境、方法、组织、程序等不同因素对创造过程和创造结果的影响；

（3）探索或验证创新的理论模型。

实验法是心理学检验假设、发展理论的一种有效方法，但现实的创造活动往往是在非常复杂的环境条件下进行的，主体的人格因素、智力与非智力因素、人际相互作用因素、社会环境因素等都会对创造活动产生不同的影响，许多因素的影响不易精确地辨析，有时甚至连有哪些影响因素也不易辨析。因而，对现实的创造活动过程往往难以用实验的方法来进行精确的重复性的研究，这是实验法用于创造心理研究的困难所在。

从心理学研究方法的角度来说，实验法用于研究创造心理学问题还有一个内部效度和外部效度的问题。

实验研究的内部效度是指，因变量的变化是唯一由自变量的变化所引起的。换言之，如果在一个实验中，因变量的变化是唯一由自变量的变化所引起的，我们就认为实验的内部效度高，如果因变量的变化还有可能受自变量以外的其他变量（干扰变量）的影响，则实验的内部效度就低。用实验的方法研究心理学问题，必须保证有很高的内部效度。

实验研究的外部效度是指，实验研究的结论能够推广到其他情境和对象的程度。如果实验研究的结论在不同的对象和情境下都能够成立，则实验的外部效度较高，反之则低。

实验研究同时具有内部效度和外部效度，其研究结论的可靠性才比较高。但一次实验研究要想同时具有较高的内部效度和外部效度是不可能的。如前所述，对一种心理现象或过程的研究涉及主体、客体与环境的多种因素影响时，为了保证研究的内部效度，实验要对很多因素进行简化和控制，但这样一来，实验条件与现实中的真实情境会产生差别，要保证内部效度就可能会影响或降低外部效度。但若采用现场观察研究，情境的真实性得到了保证，但影响因素的可控性和可辨别性又成为问题。

为了解决这种两难矛盾，研究程序应该是：先保证研究的内部效度，探明因素间的因果关系，再将同类研究推广到不同的对象或情境，进一步考察研究的外部效度。如果研究的外部效度较高，则实验结果的可靠性便被认为较高。

三、测验法

测验法是用专门编制的测验工具来收集数据，对创造心理现象进行研究的方法。测验法是定量研究的重要方法。测验法适用于探索和检验各种理论、假设或模型。

测验法的使用必须严格遵守心理测量学的规范，测验的编制必须有科学根据，有明确的理论作为指导，测验工具的信度、效度必须符合心理测量学的要求。测验的编制、使用和数据分析都必须符合标准化的要求。如果这些条件得不到满足，则不应使用测验，否则得到的数据不能真实反映客观事物的本来面目，会误导研究者得出不正确的结论。

四、内省法

内省法亦称"自我观察法"，它是通过让研究对象（人）对自己内部的心理活动进行反省、分析和陈述，以研究个体心理活动的一种方法。

内省法是心理学最"古老"的方法，其提出者可追溯到古希腊时期的哲学家苏格拉底。心理学的创始人冯特对内省法进行了改造，使之与实验法相结合，并对其给予了很高的评价。他认为心理学是研究人的直接经验的科学，而直接经验的获得必须借助内省，"凡心理学都始于内省"[1]。铁钦纳继承和发展了冯特的实验内省法，他认为，应当对内省观察者进行严格训练，使之能准确描述自己的心理活动。

尽管铁钦纳在冯特之后对实验内省法进行了严格的规定，但内省法仍是心理学研究方法中其客观性最易受到诟病的方法。内省观察者对自己直接经验叙述的主观性和心理学知识方面的非专业性，使得这一方法在现代心理学研究中的应用受到了较大的局限。因此，在一般的心理学研究中，实证的方法（观察、实验、测验等）逐渐替代了内省法。

但在创造心理学的研究中，特别是在对重大创造成果、创造过程和当事人创造心理活动的研究中，内省法是其他方法所不能替代的。那些做出了重大创造性成果的人，亲身经历了创造的过程，其心理活动是其他人所难以体会到的。

---

[1] 林崇德、杨治良、黄希庭主编：《心理学大辞典》，上海教育出版社，2003年版，第863页。

他们的感受对于创造心理学的研究是宝贵的第一手资料。

由于创造的对象、内容和形式不尽相同，当事人通过内省提供的信息往往难以量化处理，甚至内容规范也难以统一，这是内省法的主要缺点。但这种方法如果与其他科学方法结合起来使用，在提出研究假设方面则仍不失为一种可能的方法。

五、访谈法

访谈法是通过语言交流收集相关信息进行研究的一种方法。它是由访谈的主持者（通常是研究者）向访谈对象提出问题，由访谈对象回答。

访谈法适用于对那些取得了创造性成就或经历了创造活动过程的人进行创造心理方面的深入研究。

按照访谈是否需要借助工具，可以将访谈分为当面访谈、电话访谈和书面访谈。按照访谈的内容（问题）是否有预定的结构和顺序，可以将访谈分为结构化访谈和非结构化访谈。

访谈法的优点是可以由受过专业训练的研究者来主持交流，便于对那些缺乏心理学专业知识的对象（人）进行深入的调查，从而揭示出创造过程中的心理规律。在收集信息方面，它比内省法更有效率，也更容易深入。访谈法适用于对个案进行定性研究，但获得的信息不易量化，这是访谈法的主要局限。

由于访谈者对所要研究的问题有着直接的引导和控制，因此，访谈法对研究者的思维水平和研究能力有较高的要求。

能否与研究对象建立信任、和谐和宽松的访谈气氛，是影响访谈法使用结果的重要因素。

访谈法在使用过程中要注意用"中性"的方式提问，即不要明显地表现出研究者的希望倾向或研究意图，以防止暗示效应，避免造成研究对象的逆反或迎合。

六、问卷法

问卷法是通过使用预先编制的问卷收集相关信息进行研究的一种方法。

按照问卷是否依据心理测量学的规范进行过标准化处理，可以将问卷分为标准化问卷和非标准化问卷。使用标准化问卷进行研究，实际上也是测验法。

按照问卷的回答范围及方式有无固定要求,可以将问卷分为开放式问卷和封闭式问卷。开放式问卷的问题可以由调查对象(被试)自由作答,而封闭式问卷则要求调查对象在给定的若干种答案中选择一种。前者适用于大范围内广泛收集信息,但其结果不易量化处理;后者适用于根据既定的理论框架或模型有目的地收集信息,其结果可以进行定量分析。

按照问卷答案的呈现形式,可以将问卷分为选择式、排列式和尺度式。选择式问卷是将问题的若干种固定答案全部列出,由被试选择一个或几个适合自己情况的答案。排列式问卷是要求被试根据给定的标准,如"符合程度"、"喜爱程度"等,对问卷给出的答案进行排序。尺度式问卷则是以数字作为评价量尺,如1—5、1—7或其他数字形式,要求被试表达自己对特定问题的反应。

问卷的优点是可以根据研究的目标灵活编制,使用方便,既可用于个别施测,也可用于团体施测。封闭式问卷的结果便于进行量化处理。

问卷法(即使是标准化的问卷)对于创造心理的丰富信息来说,也可能会是一张"普罗克拉斯提斯之床"[1],这是问卷法的局限所在。

无论标准化问卷还是非标准化问卷,问卷的编制都必须符合心理测量学的规范要求,包括内容规范要求、质量标准(特别是信度与效度)规范要求和编制程序规范要求。详细地说明这些要求是心理测量学的任务,在此不赘述。

七、案例分析法

案例分析法又叫个案分析法,原本是管理学和军事学(战例分析)的一种教学与研究方法。它是对已经发生的事件进行分析研究,从中找出规律的一种方法。案例的内容,通常是一个完整的事件。

案例分析法与观察法的区别在于前者是对过去已经发生的事件进行分析,后者则是对正在发生或即将发生的事件进行考察。

案例分析法可以作为创造心理学的一种重要研究方法。对创造活动的案例(无论是成功的还是失败的)进行分析,可以从中寻找和发现创造心理的规律。

现实中和历史上的创造性活动的案例,是研究创造心理学的宝贵资料。本

---

[1] 普罗克拉斯提斯是古希腊神话中的一个强盗,传说他是海神波赛东的儿子。他在路上设了一张铁床,把过路的行人强行放置在床上,把比床短的人拉长,把比床长的人截短。

书对创造心理的探索，也是大量采用案例分析的方法。这种方法的优点是简便易行，可以充分发掘、利用各种各样的案例进行定性研究，缺点是不便做量化研究。

使用案例分析法要求案例资料记录尽可能详实、完整，同时要求研究者有敏锐的目光和较强的分析能力。

八、作业/作品分析法

作业/作品分析法是以创造性活动的结果作为研究对象，来揭示创造活动过程中人的心理规律的一种研究方法。

案例分析与作业/作品分析的区别在于，案例是对一个相对完整的事件进行分析，包括事件的起因、过程和结果，而作业/作品分析只是针对活动的结果。

作业/作品分析法也是创造心理学研究的一种重要方法，适合于对发明创造进行研究，也适合于对理论成果进行研究。

九、传记分析法

传记分析法是通过对高创造性个体的传记进行分析，从中发现和揭示创造心理活动规律的一种方法。

传记分析法比较适用于下列情形的研究：

（1）高创造性个体的人格特点与结构；
（2）高创造性个体的成长与发展过程；
（3）高创造性个体取得创造性成果过程中的心理活动规律；
（4）创造性活动所需的各种社会条件。

与任何一门科学的研究方法一样，创造心理学研究的方法也在不断地发展和创新中。只要能够揭示出创造活动的心理规律，就是有效的研究方法。

第三节 创造心理学研究的职业道德

任何科学研究的过程，都既是一个"做事"的过程，也是一个"做人"的过程。做人是做事的保证。恪守心理学研究的职业伦理道德是心理学研究成果真实性、正当性和科学性的保证。

创造心理学的研究要用到多种方法。无论使用何种方法，在进行创造心理研究时都要遵循以下的职业伦理道德原则。

一、真实性原则

科学研究必须尊重事实，实事求是。真实性原则要求科学研究必须客观真实，包括数据真实、完整，样本具有代表性，信息材料真实可靠，结论严谨，外推谨慎。

下列情形均是有悖于真实性原则的：

（1）数据造假；

（2）只选取自己希望的数据，或是随意截取数据；

（3）样本不具有代表性；

（4）数据、资料来源不可靠；

（5）数据、资料不完整；

（6）结论缺乏依据，在逻辑上不完备或缺乏充分性；

（7）结论外推超出了前提条件的约束范围。

二、自愿的原则

创造心理学的研究如果需要被试参与，则必须遵循自愿的原则，具体表现为：

（1）研究工作开始前要向被试做出适当的说明，使被试知道自己正在参与一项研究。如果出于研究的需要不能事先向被试说明研究的真实目的，也要给被试一个表面的解释，亦即要尊重被试的参与知情权。

（2）向被试说明其有参与或不参与该项研究的自由。

（3）告之被试有中止或退出研究的自由。

三、无害的原则

无害的原则是指研究过程不得对研究对象（被试）产生不利的影响，包括现实的、潜在的和隐含的影响，物质方面和精神方面的影响。无害的原则还意味着研究工作不得有悖于人类的文明和社会的道德伦理风尚。

下列情形都属于违背无害原则的情形：
（1）造成被试自我评价和社会评价的降低；
（2）给被试带来心理上的痛苦或精神上不愉快的体验；
（3）给被试带来物质利益方面的损失；
（4）对被试的人格产生消极的、不可逆的影响；
（5）研究的过程或结果对人类文明和社会进步产生消极的影响。

如果由于研究工作的需要对被试做必要的欺瞒，则应在研究工作结束后对被试说明情况，取得被试的理解；如果研究过程可能会对被试的心理产生消极的影响，则应在研究工作结束后，采取措施努力消除这些影响。

四、保密的原则

保密的原则要求创造心理学的研究要对以下事项进行必要的保密：
（1）某些研究的真正目的；
（2）研究工作开始前的研究方案；
（3）研究过程中涉及的当事人的个人情况；
（4）标准化的测量工具；
（5）个人的相关研究数据。

自愿的原则和保密的原则并不矛盾，二者可以兼顾。

心理学研究需要保持人们心理过程的真实性，如果事先让被试知道了研究的真实目的，则被试可能会因为存在社会评价的压力而做出各种不自然、不真实的反应，从而大大降低研究结果的可靠性。只要让被试知道自己是在参与一项心理学研究，而且这种研究对其本人、他人和社会是无害的，就没有违背自愿的原则。

第四节　创造心理学的历史发展

"创造心理学"一词最早出现在1935年波兰科学家奥索夫基夫妇发表的《科学的科学》一文中。

1869年，英国的生理学家高尔顿（F.Golton）出版了《遗传的天才》，这可以说是创造心理学研究最早的科学文献。但高尔顿在这部书中对天才研究的基本动机只是试图证明遗传对天才的决定作用,而不是一部全面、系统地论述创造心理学的著作。这部书在创造心理学发展历史上的作用,可以说是引起了有关天才成长过程中遗传与环境作用的争论,唤起了人们对创造心理相关问题的关注和研究兴趣。

一百多年来,尤其是近半个世纪以来,创造心理学的研究日益受到重视,出现了不少的理论和流派。学者们对创造心理学的发展分期提出了不同的观点。

王灿明、茅献功将创造心理学的发展分为五个阶段:(1)发轫期(1869—1907年);(2)人格研究时期(1908—1930年);(3)思维研究时期(1931—1949年);(4)认知研究时期(1950—1970年);(5)综合研究时期(1970年—)。郭有遹在《创造心理学》中持同样的观点。[1]

俞国良在《创造力心理学》中将创造心理学的发展分为三个阶段:1.创造力研究的产生期(1870—1907年),2.创造力研究的分化期(1908—1950年),3.创造力研究的发展期(1950年—1970年)。其中创造力研究的分化期又可细分为创造力研究的"人格学"时期(1908—1930年)和创造力研究的"思维论"阶段(1931年—1949年)。[2]

笔者认为,根据已有研究成果和主导研究方法的特点,可以大致将创造心理学的发展划分为四个时期。

一、兴起时期(19世纪后期—20世纪初期)

这一时期的代表人物是高尔顿。这一时期的主要特点是:

(1)在研究方法上,开始移植和运用其他学科的方法研究创造心理学问题,并开始创造新的研究方法。

(2)在理论探索方面,开始提出创造心理的问题,但离真正科学、系统地解决这些问题还有相当的距离。

高尔顿把家族谱系调查和统计方法引入到创造心理学的研究中来,前者属于社会学的方法,后者属于数学方法。

---

[1] 郭有遹著:《创造心理学》,教育科学出版社,2002年版,第13~19页。
[2] 俞国良著:《创造力心理学》,浙江人民出版社,1996年版,第29~36页。

高尔顿从家族与遗传的角度探索创造型人才的出现规律。高尔顿在《遗传的天才》中公布了他对977名天才人物的研究结果。他通过家谱调查发现，天才人物的出现有家族现象。在他所研究的977名天才人物中，有89位父亲、129位儿子、114位兄弟，共计322名。而在一般家族中，平均4000个人当中才会出现一名杰出人物。在他调查的30家有艺术能力的家庭中，子女表现出艺术能力的占64%，而一般家庭子女只有12%。他由此断定无论是普通能力还是特殊能力都是遗传的。

高尔顿最早用内省法进行自由联想实验，发现在75个字的自由联想中，能够想起的字多是儿童期学会的。这种自由联想法后被冯特采纳。高尔顿所开创的自由联想实验研究，被后人称作"最原始的发散思维测验"。这种研究方法在现行的创造性测验中仍然占有一席之地。

此外，高尔顿还开创了个体差异心理学，首创智力理论，提出智力由一般因素（G）和特殊因素（S）构成，这一思想后由其弟子英国心理学家斯皮尔曼继承，正式提出"智力二因素论"。高尔顿对天才与遗传问题进行了研究，但他忽略了社会环境和生活条件对人才成长的影响。那些有着优越家庭条件的人由于在经济、教育和社会活动方面比一般人有更多的机会和优势，因此也就更容易脱颖而出。家族背景对创造型人才产生的意义究竟是遗传学的还是社会学的？抑或是两者兼而有之？两者的关系又是什么？仅仅根据谱系调查的方法是难以下定论的。高尔顿研究的真正意义与其说是解决问题，毋宁说是提出了问题。

在这一时期，统计的方法被引入到创造心理学的研究中来。高尔顿开创了心理学的量化研究，最先用统计方法处理心理学资料，证明人的心理特性与身高、体重一样呈常态分布，用相关系数表征遗传对心理差异的影响。

1903年，美国的研究人员也用统计的方法对出生于公元前600年到公元1800年的1000位杰出人物进行了分析，力图探索创造型人才的数量分布规律，以及影响人的创造才能的各种素质和心理品质。

确切地说，高尔顿的研究方法和研究结果对创造心理学的发展更多的是起到了一种催生的作用。他的研究成果开始引起学术界的兴趣，启迪了后来研究者的思想。比如，德国精神病学家C·伦布罗卓对天才人物与精神病的关系进行了研究，于1891年出版了《天才人物》一书，认为天才与精神错乱有密切关系，两者都受遗传因素的影响。此外，他还认为温暖的气候比炎热的天气更有利于创造性工作。

这个时期的许多学者还发表了一些有关创造问题的理论文章。如贾斯特罗（Jastraw）1898年发表了《发明的心理》，理博（Ribot）1906年发表了《论创造性想象》等。严格说来，这些早期的著作和文章对创造心理的研究来说还算不上深入和系统。

二、思辨研究时期（20世纪初期—30年代）

思辨研究是一种基于经验、想象和抽象思维而提出假设或理论的方法。严格说来，思辨研究不能算作严谨的科学研究，而是更多地带有哲学研究甚至经验臆测的特点，但思辨研究通常又是一门科学发展过程中所要经历的一个阶段。在这个阶段，人们运用思维的力量提出各种理论和假说，为科学的进一步发展提供探索方向和各种可供检验的命题。

这一时期的代表性理论大致可归为三类：

1. 精神分析学派对创造心理机制的研究

20世纪初，精神分析学派对人格与创造的问题进行了阐述。1908年，弗洛伊德在《诗人与白昼梦的关系》中比较了儿童游戏与白昼梦的特点，对富有想象力的诗人、作家进行了研究。他认为"富有想象的创造，正如白昼梦一样，是童年游戏的继续与替代"。以后他又陆续发表了《原始词汇的对偶意义》、《三个匣子的主题思想》、《来自于童话的梦的素材》，1914年又发表了著名的《米开朗基罗的摩西》。早期精神分析学派用潜意识来说明创造的心理机制，用童年的经历来解释一些创造性的作品[1]。精神分析学派的理论在心理学领域的影响虽然较大，但其对创造心理的探索从本质上说仍然属于思辨研究的范畴。

2. 人格心理学对创造问题的研究

这个阶段的另一个研究特点是采用传记、哲学思辨的方法研究文艺创作中的创造性问题，并将这种创造性作为人格或个性的表现。例如，美国的统计学家J·M·卡特尔在1903—1932年间对3637位杰出人物进行了统计分析，试图

---

[1] 俞国良著：《创造力心理学》，浙江人民出版社，1996年版，第32页。

探讨创造性人格特征和动机问题。

1931年，哈特金森（Hutchinson）对以往的创造力研究文献进行了系统的总结，他认为已有的文献"多用传记的方法或从思辨的角度论述研究创造力，其研究方法简单，结论笼统、模糊，不符合心理学研究的要求"[1]。

3. 哲学与其他学科对创造心理问题的研究

这一时期的学者还从不同领域或不同学科角度来探讨创造心理学的问题。

法国著名数学家波音卡尔（Poincare）于1913年发表了《数学的创造》，对数学领域的创造问题进行了探讨；德国沙尔兹（Selz）对思维形象理论进行了研究；美国心理学家华莱士（G.Wallas）于1926年出版了《思考的艺术》；英国心理学家斯皮尔曼（C.Spearman）1930年发表了《创造的心》。这些研究虽然本质上都属于思辨研究的范畴，但随着对创造心理问题的深入思考，还是提出了一些富有见地的理论。特别值得一提的是，华莱士在《思考的艺术》中提出了创造性思维过程分为准备、酝酿、明朗和验证的"四阶段论"，至今为止，仍被看作是对创造过程的经典概括。

思辨虽然是哲学家研究问题的惯常方法，但在促进创造心理学从思辨阶段向实证阶段转变方面，哲学家也是功不可没的。克劳福德（Crowford）的《创造性思维的技术》、杜威（Deway）的《我们如何思维》和《艺术即经验》，三部著作虽不是对创造力的实证研究，但却指出了实证主义的研究方向，对于心理学家摆脱精神分析传统的影响起了积极作用。

三、实证研究阶段（20世纪30年代——70年代）

实证研究是指以可观察的事件作为对象，以观察、实验、测量等可量化的分析手段进行研究的方式。实证研究是实证主义所提倡的研究方式，但实证研究不等同于实证主义。实证研究是一门学科由经验、思辨研究发展到科学规范研究的标志。

从30年代开始，创造心理学的研究开始呈现出由精神分析向认知研究、由思辨研究向实证研究转变的趋向。认知心理学派、吉尔福特等心理学家以及工

---

[1] 俞国良著：《创造力心理学》，浙江人民出版社，1996年版，第32页。

商企业对创造心理学的应用需求都促进了创造心理学的实证研究和发展。

1. 认知心理学派对创造性思维的研究

德国格式塔学派的心理学家魏特海墨（Wertheimer，又译作韦特海默）的《创造性思维》是这个阶段的代表作之一。

该书运用丰富的材料，研究从儿童解决简单的几何问题的思维过程到科学家爱因斯坦发明相对论的思维过程，根据格式塔心理学原理，论述创造性思维的原则、结构、方法以及教师如何在教学中培养解决问题的能力和创造性思维等。其主要思想为以下两点：

（1）强调创造性思维的基本原则是把握问题的整体（整体中的相互联系和关系），不为问题的细节所困扰；

（2）强调对问题情境的领会或顿悟，不为形式逻辑的方法所束缚，善于重建格式塔等。

书中批评机械的联想主义和试错说，认为这些观点无益于创造性思维。该书影响了现代创造性思维的研究。教育科学出版社1987年出版了林宗基的中译本。

这本书从简单的一节数学课到爱因斯坦这个天才人物，对创造性思维的过程进行了深入细致的研究。魏特海墨认为思维不仅是要解决情境要求（问题情境）与目标一致的问题，更多时候是要解决情境要求与目标不一致的问题。在这种情况下，由于必须改变目标本身（问题），这就要求思维具有一定的创见性。

格式塔理论认为思维不是通过尝试错误联结来进行的，而是通过问题结构的认知重组来进行的。以往的形式逻辑思维过于追求三段论形式而显得机械，同样，联想主义把思维看成观念的联系或一系列刺激的反应，即思维的主要因素是习惯、过去经验和相近项目的重复。这些都不能很好地解释创造心理的实际发生过程。如果解决问题只靠回忆、简单的机械重复或盲目尝试中纯机遇的发现，就很难把这一过程叫做有意义的思维，对创造性思维也没有多大帮助。魏特海墨的这些观点很有价值，但格式塔理论仅立足于知觉研究，强调对事物内在关系的顿悟，而很少考虑到创造主体本身的知识和经验，并且对顿悟的机制未能作出研究和说明，这是其不足之处。

格式塔心理学开始用实验的方法研究解决问题的思维过程。其中最著名的实验是苛勒1927年所做的黑猩猩取香蕉实验。在第一种实验情境中,给黑猩猩一根能够得着香蕉的竹竿,而在第二种情境中给黑猩猩两根需要连接后才能够得着香蕉的竹竿。在第一种情况下,黑猩猩解决问题毫无困难。而在第二种情境下,黑猩猩顿悟到解决问题的办法的过程实际上就表现出了一定的创造性。

在这一阶段,还有许多学者进行了创造心理学的实证研究。如梅耶(Mayen, 1931)对顿悟与问题解决的关系进行了研究;派特里克(Petrick, 1935,1938)和穆瑞、丹尼等人对华莱士的创造过程"四阶段论"进行了验证;莱曼(Lehman, 1944, 1947)对不同职业个体创造高峰年龄进行了统计研究。

2. 吉尔福特对创造心理学的发展贡献

在这一历史发展阶段,美国著名心理学家吉尔福特对创造心理学发展的贡献是特别值得一提的,他的贡献主要在三个方面:

第一,是科学社会学方面的贡献。吉尔福特唤起了人们对创造心理学研究的重视。

1950年,吉尔福特在美国心理学年会上发表了题为"创造力"的著名演讲。他对美国《心理学摘要》(Psychological Abstracts)截至1950年发行23年来的文献进行了统计。他发现,在121000篇心理学研究摘要中,与创造有关的文献只有186篇,不足千分之二。他据此指出了对创造力研究重视的不足及其严重后果,呼吁加强对创造力的研究。他的这次演讲对创造心理学的研究和发展起到了重要的促进作用。1957年苏联第一颗人造地球卫星的发射成功,也极大地刺激了美国的学术界、政府和教育部门。在吉尔福特发表演讲后的十年间,有关创造心理研究的文献呈几何级数增长。

第二,是创造心理学理论方面的贡献。吉尔福特提出了"发散思维"的理论。

吉尔福特根据因素分析提出了"智力的三维结构"理论,认为人类的智力是内容、操作、产物三维因素构成,创造性思维的核心是处于第二维度中的"发散思维"。他提出了发散思维的四个主要特征,即流畅性(fluency)、变通性(又译作灵活性)(flexibility)、独创性(originality)和精致性(又译作精细性)(elaboration)。尽管创造性思维不能简单地等同于发散思维,但吉尔福特的理论使发散思维的测量和培养具有了可操作性,从而促进了创造心理学从理论到实证研究的深入发展。

第三,是研究方法与工具方面的贡献。吉尔福特把心理测量的方法引入了创造心理学的研究。

吉尔福特根据其独特的智力结构理论编制了智力测验工具,其中的发散思维测验常被心理学家们用作创造性思维能力的测验工具。盖泽尔斯(Getzels)和杰克森(Jackson)对智力与创造力关系的相关研究,就是采用了吉尔福特的测验。

在吉尔福特的影响下,实证研究的方法成为创造心理学的一种重要研究方法。在吉尔福特之后,明尼苏达大学教育心理系主任托兰斯(Torrance)编制了明尼苏达创造性思维测验,现已正式印行,改称托兰斯创造性思维测验(Torrance Tests of Creative Thinking)。这个测验为数百名心理学家与教育学家用来研究与创造有关的问题。除了吉尔福特发散思维测验和托兰斯创造性思维测验之外,有关创造力方面的测验还有普渡大学的欧文斯机器设计创造力测验(Ovens Creativity Test for Machine Design)、弗拉纳根的机巧测验(Flanagan's Ingenuity Test)等,这些都是用来评估工业发明能力或解决问题能力的测验。除此之外,罗基奇(Roceach)的教条主义量表(Dogmatism),霍兰德与贝尔德(Holland and Baird)的前意识活动量表(the Preconscious Activity Scale)等都是测量与创造有关的人格因素的测量工具。

3. 人本主义心理学对创造心理学发展的促进

第二次世界大战以后,人本主义思潮对人类生活产生了重大影响。人本主义心理学对创造心理学的发展也起到了促进作用。这种影响主要表现在两个方面:

第一,影响了创造心理学研究对象的转变。

在20世纪中期以前,创造心理的主体研究对象大多是在某一学科领域做出了杰出贡献的天才人物,其中多数人亦已作古。20世纪50年代之后,人本主义心理学家提出创造能力人人都有,而且是持续拥有,并非"全"或"无"的一种品质。因此可以一般人群或在校学生作为对象研究与创造有关的各种问题。被称为"人本主义心理学精神之父"的马斯洛(A.H.Maslow)认为,自我实现的本质特征是人的潜力和创造力的发挥，自我实现型的创造力与莫扎特型的具有特殊天赋的创造力是不同的，它似乎是普遍人性的一个基本特点，"所有人与生俱来都有创造的潜力，从这个意义上看，可以有富有创造力的鞋匠、木匠、职员"[1]。

第二，影响了创造心理学的研究范围和视野。

人本主义心理学家开始从认知、环境、人格等多个角度研究与创造心理有关的问题，其中认知途径一直占据着创造心理学研究的主导地位。在这一途径上探索的人认为，创造力是由各种心理能力导致的，由此展开了对不同心理过程的研究。早期研究以发散思维为侧重点，后继者们则探讨了知觉过程、定义问题的能力、直觉能力、类比能力与联想能力等，并在此基础上建构出种种因素分析的创造力模型[2]。

人本主义心理学对于创造心理学研究对象和研究内容的观点，影响着后续研究者的思路和兴趣，也促进了创造心理学由精英研究转向大众研究，由单维研究向着精细化、多元化和具体化的方向发展。

4. 社会应用部门对创造心理学的发展促进

社会一旦有实际应用方面的需要，则会对一门学科的发展起到强有力的促进作用。

工商企业是创造心理学的第一个重要"用户"。企业竞争归根到底是创造力的竞争，这使得企业界对创造问题有着高度的敏感和重视。据爱德华兹（Edwards）1967年所做的调查，当时美国已有20余家企业或机构设有创造力的训练开发课程或是研究顾问中心。美国的一些著名公司，如无线电公司、通用汽车公司、道氏化学公司，甚至一些军事单位也都建立了自己的创造力开发训练部门，开展专门的训练。被誉为"创造学之父"的美国创造学家奥斯本（A.Osborn）1941年出版了著名的《思考的方法》，发表了他首创的"智力激励法"。

社会的需要也促进了教育界对创造心理学的研究和重视。1931年美国内布

---

[1] [美]马斯洛著，许金声、刘锋等译：《自我实现的人》，三联书店1987年版，第38～39页。
[2] Lubart.T.I., *Creativity*, In R.J.Sternberg, *Thinking and problem solving*, New York: Academic Press, 1994, pp289-332.

拉斯加大学率先在大学开设了创造性思维课程。1948年麻省理工学院首次开设了"创造力开发"课程。1954年，美国成立了创造教育基金，一些大学也成立了创造教育研究机构。60年代以后，美国的一些著名大学，如加利福尼亚大学、哈佛大学、斯坦福大学等，都先后开设了创造性思维训练课程。截至1967年，美国有9所大学设立了创造心理方面的课程，其中有5所大学是将此课程设在工商管理学院中，其他大学则是设立在教育学院或其他部门。隶属于美国军方的"美国军事管理学校"（U.S.Army Management School）也开设了"创造的问题解决法"课程。实际上，吉尔福特在创造心理学方面所做的最重要的研究，如智力结构的因素分析研究及各种测验的编制，都是在美国海军部的经费支持下进行的。

总之，在这个时期，创造心理学在实证研究的背景下取得了长足的发展。在吉尔福特1950年的著名演讲之后的十年间，"每年出现了数百种出版物涉及创造性，而且，几乎以一种几何级数速度继续增长"[1]。从1950年到1965年所发表的直接与创造力有关的文章，比1950年以前23年的总数增加了大约18倍，特别是1963年以后，平均每年都在100篇以上，这些文章还不包括以思维、顿悟、想象、问题解决等为题目的论文。

四、综合研究阶段（1970年— ）

从50年代后期开始，人类社会由工业时代逐渐进入到高科技时代。人们对创造问题的关心也逐渐升温。从60年代开始，美国的创造心理学理论开始传入加拿大、法国、德国、英国、荷兰、西班牙等西方国家，并引起这些国家的重视，创造心理学的研究开始在世界范围内展开。进入70年代以后，创造心理学的研究与发展出现了多元化的趋向，呈现出多学科交叉研究、各种理论和方法取长补短的特点。创造心理学由此突破了学科、理论、方法和领域的局限，进入"综合研究阶段"，这一时期的理论也呈现出缤彩纷纭的局面。

下面是一些代表性的理论：

---

[1] 中央教育科学研究所比较教育研究室编译：《简明国际教育百科全书（人的发展）》，教育科学出版社，1989年版，第284页。

阿玛拜尔（T.M.Amabile）在社会心理研究基础上提出了综合理论模型。[1]

格鲁伯等人（H.E.Gruber & S.N.Davis）在对杰出创造性人才进行个案研究的基础上提出了发生论的进化系统模型。[2]

西克申特米豪伊（M.Csikszentmihalyi）在文化人类学研究基础上提出了系统模型[3]。

特别值得一提的是耶鲁大学斯腾伯格（R.Sternberg）对创造力理论所作出的贡献。其理论可以视作综合研究的代表。

斯腾伯格早期学术研究的重点是人类智力现象，1985年他出版了《超越IQ——人类智力的三元理论》。斯腾伯格对创造力的本质进行了探讨。他分析了当时已有的创造力理论，发现其在分析现实的创造力时均缺乏应有的效度，究其原因就在于这些理论基本上都是从实验室或书本上得出的结论。他转而用问卷法调查了"外行们"（包括物理学家、哲学家、艺术家、经济学家以及一般公众）对智力、创造力与聪明的看法，并在此基础上提出了创造力的"三侧面模型"，即认为创造力是由三个既相互独立又相互联系的侧面所构成的：智力、智力风格与人格特征，每个侧面又包含更多的子因素。斯腾伯格的"三侧面模型"实际上是整合了创造活动中的智力因素和人格因素。

在此基础上，斯腾伯格还对创造力与环境因素进行了积极的探索，提出了"创造力的投资理论"。这一理论最初是在1991年他与鲁巴特（T.I.Lubart）联名发表的《创造力的投资理论及其进展》一文提出的，1995年出版的《挑战多数——在从众的文化中培育创造力》标志着该理论已趋于成熟。[4][5]

---

[1] Amabile, R.M., *Creativity in Context*, Perseus, p15.

[2] Gruber, H.E.& Davis, S.N., *Inching our way up Mount Olympus: The evolving-system is approach to creative thinking*, In R.J.Sternberg, The nature of creativity, New York: Cambridge University Press, 1988, pp.243～270.

[3] Csikszentmihalyi, M., *Creativity, leadership and chance*, In R.J.Sternberg, The nature of creativity, pp.386-426.

[4] Sternberg, R.J. & Lubart, T.I., An investment theory of creativity and its development, *Human Development*, 1991(34).

[5] Sternberg, R.J. & Lubart, T.I., *Defying the crowd: Cultivating creativity in a culture of conformity*, New York: Free Press, 1995.

创造力的投资理论认为：创造就是把自己的心理资源投入到那些新颖的、高质量的主意（ideas）上去，就像股票投资一样，要想赚钱就必须"低买高卖"（buy low and sell high）。创造作为观念世界里的"投资"行为，"低买"意味着专注于一些被多数人视为不合时宜的、愚蠢的而不屑一顾却有极大发展潜力的主意；"高卖"意味着必须努力推销自己的主意，在得到社会普遍认可后急流勇退，及时转向新的领域。

创造力投资理论具有较强的可操作性，它强调人人都可以创造，激励公众勇于创新。所以，有人评论说，"如果说吉尔福特1950年在美国心理学会上的演讲之所以被人们广为看重，是因为它唤起了心理学家关注创造力问题的热情；那么斯腾伯格理论的重要意义或许就在于，它所呼唤的是一般公众的创造精神"[1]。

* * *

创造心理学经历了兴起、思辨研究、实证研究阶段后，进入综合研究阶段。创造心理学的理论研究虽然有了很大的发展，但在心理学的学科体系当中，它还是一个远不能称作成熟的学科。

一门学科的成熟通常具有以下一种或多种标志：

（1）学科公认权威人物及标志性事件的出现，成为学科成长的逻辑起点。

（2）经典的、集大成的理论著作或权威专业出版物的出现。

（3）特有的研究方法、研究模式的形成，特别是实证研究的方法被成熟地应用于其研究过程当中，并能取得稳定的、可重复的研究结果。

（4）形成了相对独特的基本概念和基本原理，以及形成了将这些基本概念和基本原理串联起来的逻辑主线，亦即能够实现研究成果、概念、原理的系统化和理论化。

如果按照上述标准，创造心理学要走的路还很长。创造心理学的成熟之路较之其他心理学分支学科来说也许会更长，因为创造心理现象恐怕是人类心理现象当中最为复杂和深奥的。人类对200亿光年尺度的宇宙和10^{-8}厘米的微观世界已经有了相当的了解，而唯独对人类自身的许多精神现象和过程却还缺乏深入的了解。

---

[1] 孙雍君：《斯腾伯格创造力理论述评》，《自然辩证法通讯》，2000年第1期。

二 创造与创造力

- 创造与创造力
- 关于创造力的理论
- 创造力的评估
- 创造力发展的理论问题

第一节 创造与创造力

一、创造与创新的概念

"创造"是研究创造心理学所遇到的第一个基本概念。

古希腊的亚里士多德将"创造"定义为"产生前所未有的事物"。

在《现代汉语词典》中,创造被解释为:"想出新方法、建立新理论、做出新的成绩或东西。"对创新的解释是:"抛开旧的,创造新的。"若从字义上看,似乎可以认为创造强调的是"造",是"从无到有";创新强调的是"新",既包括"从无到有",也包括从"旧有"到"新有",如技术革新,因而创新包含创造,二者是从属关系。但另一方面,既然产生任何新东西的过程都可以称之为创造,那么从"旧有"到"新有"也产生了前所未有的新东西,在这个意义上也可以说创新也就是创造,二者是同义词。

在学术问题上,任何概念都是可以讨论的。但为了避免囿于概念的纷争,本书把创造与创新看作同义词,在不加区别的意义上使用。如果一定要说它们二者有什么区别,毋宁说只是同一个概念的两种不同表达而已。不过从汉语音韵美的角度说,"创新心理学"不如"创造心理学"来得上口,故本书书名采用了后者。

本书对创造(创新)的定义是——以新颖、独特且具有积极社会意义的结果作为目标的高智能的社会活动。这个定义包含了以下四个要点:

(1)创造是一种有目的的活动。这意味着创造是人所特有的活动,并将创造与动物的本能活动相区别。

(2)创造是一种能够得到新颖、独特结果的活动。这使得创造有别于人类的其他活动。

(3)创造是一种高智能的活动。它是包含或整合了人的认识、情感、意志以及人格等诸多心理因素的高级心智活动,创造活动是解决难题的活动,需要较高的智能。这使得创造区别于人的一般社会活动。

(4)创造是一种社会性的活动。这意味着创造需要一定的社会条件支持,创造的结果存在社会评价和社会责任。

根据这个定义，在实践中评价一个活动或事物是否属于创造或创新，有且只有三条标准：

（1）创造首先是一个"结果"的概念。无论从事何种社会活动，必须是得出了前所未有的新结果。

（2）创造也是一个"过程"的概念。当活动的结果不需要改变，或不能够改变的时候，改变得出同样结果的过程，也可以看作创新。

（3）创造还是一个有"是非"的概念。并非任何新出现的东西都可以称作创新，只有那些能够对人类文明进步有益的东西才能算作创新。最明显的例子是新型毒品的出现不能算作创新，因为它戕害人类，属于犯罪。这条标准也意味着创造或创新具有褒义的属性，是个褒义词。

这三条标准的重要性也不是等量齐观的。评价一种活动或其结果是否属于创新，第一条和第二条标准如能同时具备当然更好，但二者只要具备其一即可。第三条标准则是必须满足的，否则就不是创新。

二、创造力的概念

创造力（creativity）一词源于拉丁词 creare（意为创造、创建、生产、造就），出现于 19 世纪，最初是用于艺术领域。

20 世纪中期以后，世界进入高科技时代，创造力成为社会科技与经济发展的关键，因而创造力问题引起了社会的高度重视。目前，创造力已经成为心理学研究中的一个焦点和热门问题。正如吉尔福特所指出的："没有哪一种现象或哪一门学科像创造力那样，被如此长久地忽视，又如此突然地复苏。"[1]

在 1995 年的第 11 届世界超常（天才）儿童学术研讨会中，创造力是八个专题讨论之一；在提交大会的 100 篇论文报告中，创造力理论和鉴别的文章各占 11%，位居第二。

然而，最热门的问题往往是没有统一答案的问题。对于什么是"创造力"，心理学界可谓莫衷一是，创造力的定义也是五花八门。以至于可以不夸张地说，有一位研究创造力的人，就有一种对于创造力的理解。归纳起来，心理学界对

---

[1] Guilford, J. P., Creativity, *American Psychologist*, 1950（5）.

创造力的定义有如下几类:

1. 从创造结果的角度定义创造力

这是对创造力下定义时最常见的角度。

"创造力是指产生新的想法,发现和制造新的事物的能力。"[1]

心理学家德雷夫达尔(J.Drevdarl)认为"创造力是产生新颖、奇特的看法或制作作品的能力"。[2]

2. 从创造过程的角度定义创造力

埃里扎伯兹认为:"创造力必须被看成是一种过程,这种过程产生了某种新东西,即具有新形式或新结构的一种观念或一种事物。"[3]

3. 从人格特质的角度定义创造力

美国心理学家马斯洛(A.H.Maslow)把创造力分为两种,一种是"特殊才能的创造力",这是科学家、发明家、作家、艺术家等天才人物所具有的一种禀赋、一种人格特质;另一种是"自我实现的创造力",这是一般人都具有的开发自我潜能意义上的创造力。[4]

4. 从个性心理特征的角度定义创造力

这个角度的研究将创造力定义为一种能力,而能力是属于个性心理特征的范畴。

心理学家芮斯认为,创造力属于人的一种特殊能力。他把创造力列为人的七种特殊才能之一。他认为创造力不受普通智力高低的限制,只以有无创造性作业为标准。[5]

5. 从心理品质的角度定义创造力

俞国良认为"创造力是根据一定目的产生有社会(或个人)价值的具有新

---

[1] 陈国鹏主编:《心理测验与常用量表》,上海科学普及出版社,2005年版,第149页。
[2] 陶国富著:《创造心理学》,立信会计出版社,2002年版,第1页。
[3] 同上,第4~5页。
[4] [美]马斯洛著,许金声、刘锋等译:《自我实现的人》,三联书店,1987年版,第38~39页。
[5] 陶国富著:《创造心理学》,立信会计出版社,2002年版,第6页。

颖性成分的智力品质"。[1]

6. 从心理活动的综合角度定义创造力

鲁道夫·阿恩海姆（R.Arnheim，1966）认为，"从其产生的结果来证实创造力是行不通的，我们不可能对创造力的结果一一枚举，……创造力是个体认识、行动和意志的充分展开"。[2]

韦斯伯格和斯普林杰在《家庭环境和创造功能的关系》一文中认为"创造力和智力是一个组合的变量"。[3]

美国麻省奥斯汀·里格斯医院研究中心主任阿尔伯特·罗森伯格认为"创造力就是运用不同思维方法思考的能力"。[4]

美国著名心理学家、哈佛大学儿童创造力发展的长期研究项目的主持者、多元智能理论的提出者H·加德纳最初认为，人的智力至少可以分为七个方面：逻辑、言语、音乐、空间、身体运动、自我理解和理解他人。这七种智力本身都不具有创造力，创造力需要把这几个方面的智力糅合起来，达到一个更高的层次。[5]加德纳后来又增加了"自然探索"与"存在"智能。

7. 从心理结构的分析角度定义创造力

这也是较多的一类定义。我们将在第二节"关于创造力的理论"中具体介绍对创造力的这些看法。

8. 从心理测量的操作角度定义创造力

用一组操作来定义概念，这是心理学家们对待模糊概念或抽象概念的一种策略。与其没完没了地争论概念的内涵，不如用一组操作来定义这个概念。心理学家们对智力的争论就曾采取了这种解决办法。韦克斯勒的智商测验就是用一组测验来表征智力，换言之，智力就是用智商表征的一般能力。而智商则是一组操作（测验）的结果。

---

[1] 俞国良著：《创造力心理学》，浙江人民出版社，1996年版，第15页。
[2] 同上，第12页。
[3] 陶国富著：《创造心理学》，立信会计出版社，2002年版，第8页。
[4] 同上，第9页。
[5] 陈国鹏主编：《心理测验与常用量表》，上海科学普及出版社，2005年版。

但心理学家们很快就发现，用一组操作（比如测验）来定义创造力仍然存在着困难，因为不同的人可以有不同的操作定义，其结果仍然是莫衷一是。于是心理学家们转而试图对创造力进行"分解"，对组成创造力的因素进行分析和标定。例如，吉尔福特以研究创造力而著称，但他也没有试图建立一种针对创造力的测验工具，他只是把发散思维作为与创造力有着密切关系的一种因素，并开发了发散思维能力的测量工具。[1]

上述各种定义反映了对创造力研究的不同角度、不同方法和不同思路。

对创造力的不同定义反映了对创造力的不同理解或认识，也反映了创造力研究的状况。这种现状不由得使我们想起了"盲人摸象"的故事，参与摸象的每个人得出的结论也许都可以说是对的——但仅仅只能是在局部意义上，仅仅是在他所切入的那个角度和部分上。创造力是比大象更为复杂的心理现象。只有把多种不同角度的探索结果和认识综合起来进行理解，方能更加接近真实地反映创造力的本质。

笔者认为，创造力是人在探索未知、解决问题时所表现出来的一种心理活动的综合能力。这种能力通过心理活动所得到的新颖结果表现出来。

简言之，创造力是人以新颖、独特的方式解决问题时所表现出来的一种能力。这种能力是人的知识、经验、心理过程、心智结构、智力与非智力因素、人格特质等主观条件与客观的情境之间相互匹配，使问题以新颖、独特的方式得到解决的一种综合能力。创造力不是单一的感知能力、认知能力或人格特质，它是多种能力与素质的综合。这个解释显得冗长复杂，但这正是由于创造力的复杂性所决定的。

第二节　关于创造力的理论

一、现有创造力理论的综合评价

关于对创造力的理论研究，大致可以概括为六大取向，即神秘主义取向、

---

[1] Guilford, J.P., Creativity, *American Psychologist*, 1950,（5）.

实用主义取向、心理动力取向、心理测量取向、认知主义取向和社会人格取向[1]。伴随着创造力理论研究的深入，研究者们多采取融合的观点和方法研究创造力。近期提出的许多创造力理论假设都认为，只有当多种成分汇聚到一起时，才会产生创造力。

1980年以来，有关创造力理论的研究不断地在深入，创造力理论的发展呈现出多样化和综合化的趋势，并具有以下特点：

（1）打破了创造力的神秘面纱，克服了以前单一的学术性研究所固有的弊端，从不同角度提出多种理论，使得人们从多角度出发思考创造力的本质和机制，克服了人们对创造力的刻板看法，进一步促进了创造力理论的发展与整合。

（2）提供了看待创造力"两难问题"的新视角，即创造力是一种普通的过程还是一种非凡的过程，提出了创造力是多种因素共同作用的观点，并厘清了智力与创造力的关系，强调智力中的元成分在创造力中的作用。

（3）现代心理学对创造力问题的探讨，主要是从认知研究与社会心理学研究两条基本途径展开的。这样也有助于对不同的创造力研究方法进行融合，从而把创造力研究与心理学、社会学等诸多领域的研究联系起来。

（4）理论模型具有更强的操作性和开放性。创造力是一种复杂的心理现象，对创造现象的研究，若单纯注重实证方法，往往会得出封闭的理论结果，比如说吉尔福特的智力理论，由于其运用的是严格的因素分析的方法，因而其理论模型一旦建立就是封闭的，人们只能证明和否定它，很难发展和丰富它。而后来发展的一些理论，则排除了这些局限，在研究中更多地采用了社会科学的方法，不像某些心理研究那样仅仅抓住数据不放，而是围绕着现实的创造力展开科学的探索，使理论既具有可操作性，又具有很大的灵活性和开放性。

创造力理论在不断的发展中。在未来的研究中，应该注意如下几种研究取向：

（1）对创造力理论进行多元整合研究。创造力应该是一种认知的、人格的和社会的多层面整合的结果。对创造力理论的研究应从整体的、系统的观点出发，一方面要充分利用认知心理学、生理学、脑科学的最新研究成果，大胆探

---

[1] Renzulli, J.S., A general theory for the development of creative productivity through the pursuit of ideal acts of learning, *Gifted Child Quarterly*, 1992, 36 (4).

索创造力的过程、内在机制，另一方面也应注意从个体到社会、从显性到隐性、从内部到外部的创造力的各个层面的影响因素，并努力用现代统计方法来揭示它们之间的复杂关系。总之，这种研究取向应承认创造力已不仅仅是天赋才能，也不仅仅关系个体，还要受到甚至包括整个社会的政治、经济、文化等诸多因素的影响，因此需要架构一个系统的框架。

（2）在未来的研究中还应注意到不同领域的创造力的特殊性，因为不同领域所需的能力可能是不同的，创造力的系统理论也论述了领域知识与技能是影响创造力的一个因素。发展不同领域的创造力理论是创造力现实研究的一个重要任务，还可以补充创造力的培养理论，为不同学科的创造力的教育培养提供参照。

二、创造力的基本理论

在对创造力问题进行研究的过程中，由于研究者的视角不同、研究方法不同、判断标准不同，因而对创造力的理解也就各不相同，基于对创造力的不同理解，研究者提出的创造力理论也不尽相同。

综观创造力理论的研究发展，大体上可以分为三个阶段：

第一阶段，1869—1950年。在这一阶段，关于创造力的基本理论观点主要有四种。（1）创造力是一种智力；（2）创造力是一种潜意识过程；（3）创造力是一种问题解决的过程；（4）创造力是一种联想过程。

第二阶段，1950—1980年。这一阶段的创造力理论主要以认知过程理论为主，影响最大的是吉尔福特的创造力理论。

第三阶段为1980年以后。创造力的理论研究呈现多元化的特点，其中斯腾伯格的研究影响较大。

下面是几种影响较大的创造力理论。

1. 吉尔福特的创造力才能理论

吉尔福特是科学创造心理学的奠基人。在1950年题为"创造力"的著名演讲中，他把创造力定义为"最能代表创造性人物特征的各种能力"。随后，他又对这个定义作了补充说明："创造性才能决定个体是否有能力在显著水平上显示出创造性行为，具有种种必备能力的个体，实际上是否能产生具有创造性质的结果，还取决于他的动机和气质特征。"[1]在后来的研究中，他认为创造性才能的实质是人的基本能力的组合，发散与转化是创造性思维的核心，创造性思维不等于却有利于问题解决，创造性才能与人格因素密切相关。

吉尔福特有关创造才能的理论有力地推动了创造心理学的发展。他对发散思维和辐合思维的划分，导致了人们对创造过程、解决问题过程的全新思考，吉尔福特对创造心理学发展的影响延续至今，除了斯腾伯格，理论上亦少有人能出其右。[2]

但是，吉尔福特使用的理论构造方法遭到了很多批评。他大体上是先构造模式理论，然后再试图证明它。人们批评他是用事实去迎合理论，而不是用理论去适合事实，研究方法因而显得主观和封闭。[3]

2.创造力内隐理论

自从吉尔福特的著名演讲以来，关于创造性的研究一直成为世人关注的热点。后来的一些心理学家指出，那种纯粹研究创造性内部机制与结构的做法是片面、狭隘、脱离实际的。他们主张通过调查社会各行各业的人对创造性的认识来构建其内隐概念，内隐观的调查方法开始应用于创造心理学的研究。囿于传统测验的狭隘的创造性概念由此被拓展开来。创造性内隐观的研究具有更多的客观性和实用意义，它把注意力的焦点集中在人与环境的相互作用上，而不是简单地局限于实验室的操作，从而使得创造力的研究更多地带有现实生活的特点（Runco,1990）。

根据斯腾伯格（1985）的看法，创造力内隐理论（Implicit Theory of Creativity）是指人们（包括心理学家和普通人）在日常生活和工作背景下形成的，且以某种形式保留于个体头脑中的关于人类创造力及其发展的看法。该理论强调，影响一个人的创造力有很多因素，但其中有两个基本的因素，即认知因素和人格因素，创造力是这些基本因素的有机结合。该理论的提出，有助于研究者了解一定文化背景下人们对某一心理现象的认识和看法，也能为外显理论的建立提

---

[1] Guilford, J.P. Creativity, *American Psychologist*, 1950 (5).
[2] 刘伟:《吉尔福特关于创造性才能研究的理论和方法》,《北京师范大学学报（社会科学版）》,1999年第5期。
[3] 胡卫平:《创造力理论研究的新进展》,《雁北师范学院院报》,2002年第3期。

供一定的心理根据。[1]

在斯腾伯格之后，朗克、路德维茨（Rudowicz）、杜克（Dweck）等人运用不同的方法对不同团体的创造性内隐观进行了系列研究，获得了许多有价值的成果。在创造性内隐理论研究方面，国外的研究主要集中于老师与父母对孩子创造性内隐观的研究。

罗森塔尔（Rosenthal,1991）指出，老师和父母对创造性儿童的期望和想法，可能对这些儿童具有非常重要的影响。朗克等人认为，内隐观形成了一种期望，这种期望是由一系列看法和思想组成的、个人所持有和运用的特定的认知结构。这些内隐观在对儿童的创造性行为和表现进行判断时，可能作为一种参照标准——内隐观形成了期望，而期望是非常重要的，因为它们非常重要地影响了孩子们的表现。

托兰斯（Torrance）在1975年编制和使用了理想儿童检查表（Ideal Child Checklist）来研究老师对创造性个人的个性特点的态度。他的研究表明，老师们会以牺牲孩子们的直觉和冒险精神为代价来鼓励服从和从众。

朗克（1984）组织了老师对学生创造性评估（TESC）的研究。研究中让老师们列举出创造性的同义词，列举出他们认为创造性学生所具有的行为以及人格特点。接着，在TESC研究里得出25个最普遍被提到的特点，让第二个团体中的老师按重要性进行评分。结果显示这种方法是可靠的，与发散性思维测验显著相关，与IQ则相关不大。[2]

弗兰尔（Fryer）和科林（Collings）在1991年的一项研究中用托兰斯的理想儿童检查表和自编问卷来研究老师们对创造性的定义、对相关潜力的看法以及评估的标准。他们发现，虽然研究中大多数老师对创造性的定义与想象力、原创力和自我表现有关，但是很少有人选择用这些创造性人格的特点来鼓励他们的学生。并且，大多数老师认为创造性是可以培养的，但他们中没有人提到用创造性问题解决的技巧来培养创造性。

达克多（Diakidoy）和卡那利（Kanari）在1999年设计问卷研究了49位老

---

[1]［日］高桥诚编，蔡林海等译:《创造技法手册》，上海科学普及出版社，1989年版。
[2] Runco, M. A., Teacher's judgements of creativity and social validation of divergent thinking tests. *Perceptual and Motor Skills*, 1984, 59, 711–717.

师对创造性、创造性结果和相关因素的内隐观，发现老师们把创造性看成是主要在艺术成就方面的一般能力，并且认为创造性结果是新颖的但不一定是合适的或正确的。

这些研究表明，老师对创造性及创造性孩子的看法还是比较一致并且是欣赏的，但是这些看法大多是理想状态中的，与实际的行为表现不太一致。因此，判断创造性内隐观与实际行为表现之间的关系还需要进一步的研究。

1984年朗克对父母们所选择的形容词与老师们所选择的进行了质的比较，研究发现，这两组人所选择的7个形容词是一样的：有美感的、好奇的、有想象力的、独立的、创新的、新颖的和兴趣广泛。父母选择的独特的形容词是：爱梦想的、情感的和冲动的。父母们选择的独特性表明需要对父母进行再次测量研究。在研究的第二阶段，第二组的父母们用新方法列举25个孩子在创造性方面的特点。将这些特点与老师们对同样的孩子所提到的特点（TESC）做比较。经分析，父母与老师在合成分数上的相关较低。朗克解释道，这是因为父母和老师与孩子们相处的不同经历所造成的。但是，这些差异同样可能是因为研究方法的不同而造成的。在研究中父母们用的是形容词检查表（ACL）而老师们用的是开放式问卷。

为了避免因研究方法可能导致的差异，朗克在1993年用同一种方法研究父母与老师的内隐观，即用ACL来收集创造性的正性与负性特点的词语。研究表明，父母与老师对孩子创造性的特点具有相似的看法。两组人选择的形容词至少36%是一样的。父母与老师们都认为，创造性儿童是能适应的、冒险的、聪明的、好奇的、勇敢的、爱梦想的、有想象力的和创新的。总共有35个创造性特点是一样的。虽然对孩子们非创造性的特点方面两组人的看法不是那么一致，但父母与老师选择的31个负性形容词是一样的。研究表明，虽然父母与老师的内隐观的差异没有预料中的那么大，但是还是有一定的差异：父母描述创造性儿童的形容词表现在人格方面和智力方面，而老师们选择的形容词大都属于社会性方面。

维斯伯（Westby）和道森（Dawson）在1995年的研究中发现，老师们报告声称他们鼓励和赞赏创造性，但实际上他们可能常常反对学生们的创造性努力。朗克发现老师和父母所列举的描述创造性儿童的特点是理想化的。虽然研究者们独特的研究方法可能解释了这些差异，但这些不同的结果反映了这些研究是在不同国家进行的,科洛利（Cropley）在德国,伦那（Raina）在印度。文化传统与期望可能影响了这些不同的结果。

为此,朗克(2002)继续对父母与老师进行关于孩子创造性内隐观的跨文化研究。150位美国人和印度人对68个描述创造性特点的形容词按重要程度进行评分,此外还要列举理想中的创造性的特点。研究表明,每组人对创造性的正性和负性方面的选择都显著不同。并且多数人看待创造性的特点都是理想化的。在创造性方面提到的频率较高的形容词,在理想中的创造性方面则提到的频率较低。这些研究证明创造性和理想中的创造性是相关的,但在结构上是不同的。在美国与印度对创造性方面的形容词得分进行方差分析,结果差异非常显著,然而父母与老师之间没有差异。这些研究表明内隐观确实受文化传统与期望的影响。

朗克等人的研究表明,老师与父母对孩子创造性内隐观有着一定程度的相似,他们在认同创造性的某些特点上一致性还是比较高的;他们之间的主要差异在于描述创造性属性的不同。研究者认为这是由于老师、父母与孩子相处的不同经历导致的,并且还受到文化与期望的影响。可见,今后的研究会继续向跨文化方向发展。

除了对老师与父母的研究外,研究者还对大学生、外行人等进行了创造性内隐观的研究,这些研究比较分散,没有形成系列研究。例如,斯腾伯格在1986年研究了学术界、从商人员、外行人和大学生对创造性的看法。他的研究表明,人们运用诸如智力和创造性结构的内隐观来评价自身和他人的能力。

赫尔森（Helson,1988）对中国内地与香港、台湾三地的大学生进行的对比研究表明,海峡两岸的中国人易将创造性与古往今来的重大科学技术发明联系在一起,而香港的中国人易将创造性与商业和金融上的巨大成就结合在一起。路德维茨（Rudowicz,1997）在研究中指出,内地在创造教育和超常教育方面出版的书籍、研究报告及举办的讲座,大多以中外科学技术、文学、艺术上的重大突破为示范,而在香港,创造性的开发通常是以国际金融和贸易上的奇念异想为教材的。

此外,研究表明西方人对创造性的理解主要包括下列核心因素:动机、自信、审美观、独立性、幽默感和批判性思维（Cropley,1992）,而中国人对创造性的理解却缺乏审美观和幽默感的成分（Rudowicz，1997和2001）。[1]

综合国外的研究，我们可以看出内隐观分析法为创造性的研究提供了一种崭新的思路，但是，这种方法还存在一定的问题。首先，其客观性不够，操作起来具有一定的难度，很难揭示个体真正的创造性潜能。此外，这种方法实际上是揭示自我概念与镜像自我概念对创造性看法的关系，我们不难理解，自我意识对个体的创造性可能有影响，但是关于创造性的概念与实际的创造潜能之间并不能画等号。因此，对于这种方法的有效性，还有待于进一步深入研究。

鉴于此，未来的研究有必要从以下几个方面进行：

首先，需要运用新的研究技术对创造性内隐观的研究结果进行综合分析。统计技术的新发展，如元分析、因素分析、结构方程的出现为推动创造心理的研究提供了可资利用的有力工具。

其次，需要加强对创造性内隐观研究的信效度研究。近二十年来的创造性内隐观研究的最主要缺点，是信效度资料的缺乏。人们对创造性内隐观的看法见仁见智，评价标准不一致，并且很难获得可靠的效度资料。

最后，需要对创造性内隐观的不同对象、不同领域、不同文化等方面进行综合研究。传统上对创造性内隐观的分析或限于某些群体（如老师与父母），或限于某种文化（较多的是美国文化背景），或限于某类对象（最多的是创造性儿童），这样就显得缺乏说服力。未来的研究应向多元化发展，需要加强多方合作。[2]

3. 创造力系统理论

在创造力系统理论中，Amabile首先提出了外显理论（Explicit Theory）。该理论认为，创造力是工作动机（task motivation）、有关领域的技能（domain-relevant knowledge and abilities）、有关创造力的技能（creativity-relevant skills）等因素相互作用的结果。其中，有关创造力的技能包括（1）认知风格，包括如何应对困难，如何在问题解决中打破思维定势；（2）启发产生新观念的知识，如反直觉的方法（counterintuitive approach）；（3）工作方式，如工作时是否聚精会神，能否把其他的困难暂时放置一边，是否精力充沛。此外，Amabile还把这些

---

[1] 房玲，阎力：《现有创造力理论综述》，《高教理论导刊》，2005年第9期。
[2] 钱晶，阎力：《创造性内隐观的研究综述》，《中华心理学杂志》，2004年第4期。

因素与创造性问题解决中的阶段模型（stage-based model）联系起来。[1]

Gruber 等人发展了 Amabile 的外显理论，提出了一个关于创造力的发展进化系统模型（development evolving-system mode1）。该模型包括个体的动机、知识和情感三个子系统。还有学者从生物进化和文化演变的角度提出，创造力作为一种文化现象，与导致生物进化的基因变化过程相类似。在此基础上，他们提出了一个创造力系统模型。该模型认为，创造力是一个系统内部个体（individual）、专业（domain）、领域（field）等因素相互作用的结果。[2]

4. 创造力投资理论

在前人研究的基础上，美国心理学家斯滕伯格（R.J.Sternberg）和鲁巴特（T.Lubart）借用股市股票买卖中的经济学术语"买低卖高"，于1991年提出了"创造力投资理论"，该理论是目前比较新的创造力理论。该理论认为，创造力可以从资源、能力、观念、评价四种水平来理解。创造力是智力（智力过程）、知识、思维风格、人格、动机、环境六种因素相互作用的结果。斯腾伯格和鲁巴特根据这一理论指出，创造力充分发挥的关键是创造力六种成分的投入和它们之间的凝聚方式。创造就像市场上的投资一样，是将人的能力和精力投入到高质量的新思想上面。投资讲究花最小的代价创造最大的利润，创造则是用现有的知识和才能等创造出更多、更好的有价值的产品。

由于创造力的投资理论提出的时间很短，理论的某些细节还有待于进一步的完善，但从理论研究的角度讲，它有以下三个方面的亮点：

（1）针对吉尔福特理论的缺陷，提出了创造是多种因素共同作用的观点。

（2）以"六种因素的相互影响"阐明了创造是能力与其他因素复合的观点，该结论既是对投资理论的高度概括，又是对当时各家学派关于创造力研究结果的高度综合。

（3）斯腾伯格在该理论中将智力作为创造力的一个重要来源，特别是肯定了智力成分中的元成分在创造力中的作用，他认为创造与智力中的元成分有关，对智力与创造力的关系做了进一步深入的说明。

---

[1] Amabile, T. M., The social psychology of creativity: A componential conceptualization, *Journal of personality and Social Psychology*, 1983，45.

[2] 同上。

该理论也有一些不足,首先,它的研究方法不同于吉尔福特,即没有采用量化的因素分析方法,而是采用了社会科学的研究方法,使得该理论的检验缺乏可操作性。其次,该理论缺乏对创造力心理机制的解释,它更多地侧重于应用领域的研究,而对创造力本身的理论问题没有更多的涉足。[1]

5. 创造力元理论

Bruch 提出了一种元创造力理论。他认为,元创造力(metacreativity)是一种检查方法,用于检查在创造过程中做什么和如何做、选择创造策略并监控这些策略的运用、评估创造过程中人们的心理及情感。在创造过程中,元策略的运用有九个方面,即问题鉴别、过程选择、策略选择、表征选择、过程分配、解答监控、对反馈的敏感性、将反馈转变为行动计划、行动计划的实施。[2]Pesut 提出了一个创造性思维的模型,认为创造性思维是一种自我监控的元认知过程,通过自我监控(自我监督、自我评价和自我强化),个体发展其元认知知识和经验,从而更好地监控创造过程中自己的行为。[3]

6. 创造力培养理论

注重对现实创造力的研究是现有创造力理论发展的一个趋势,该理论是智力研究与创造力研究相结合的一个突破口,是内隐理论对现实创造力的理解。在该理论中,Taylor 提出了一种用于培养学生创造力的三维课程模型,第一维是知识,即学生所学的学科知识,包括生物、物理、艺术、数学、语言、历史、音乐、各种技能等;第二维是心理过程,即学生学习学科知识的过程中发展起来的心理能力及所需要的心理过程,包括认知、记忆、发散思维、聚合思维、评估、学习策略等智力因素,以及直觉、敏感性、情绪、情感、需要等非智力因素;第三维是教师行为,包括教师的教学方法、教学媒体,以及影响思维及学习过程的教师、学生和环境因素等。该模型强调通过学科教学来培养学生的

---

[1] 孙雍君:《斯腾伯格创造力理论评述》,《自然辩证法通讯》,2000 年第 1 期。

[2] Bruch, C.B.Meta, Creativity awareness of thoughts and feelings during creativity experience.*The Journal of Creative Behavior*, 1988, 22 (2).

[3] Pesut, D.J., Creative thinking as a self regulatory metacognitive process : a model for education, training and further research, *The Journal of Creative Behavior,* 1990, 24 (2).

创造力。[1]

　　Renzulli提出了一种通过追求理想的学习活动促进青少年发展的一般理论。该理论认为，在创造力的培养中，要处理好教师、学生及课程之间的相互作用及其关系，同时要处理好教师内部（包括教师的学科知识、教学技能和对该学科的热爱）、学生内部（包括能力、学习风格和兴趣）、课程内部（包括学科结构、学科内容及方法和激发想象）各因素之间的相互作用及关系。[2]

　　但是该理论仅局限于对学校的教育有所启示，对其他领域的贡献则较少，这使得该理论的应用范围受到局限。

三、创造的过程模型

　　创造的过程模型是创造力理论的有机组成部分。创造的过程模型主要研究创造力的表现过程，或者是创造力发挥的实际过程。

　　至今为止，关于创造的过程模型主要有如下一些：[3]

　　1. 精神分析学派的两阶段模型

　　精神分析学家克里斯把精神分析的理论用于创造过程的分析，他认为创造过程存在两个阶段：激发阶段和精细化阶段。激发阶段来源于人的不可控制的无意识过程，而精细化阶段则受意识指导。

　　当代精神分析学家罗森伯格和米勒分析了不同领域的创造性人物，认为这些人物在创造过程中都会用到两种特殊的思维过程。第一个过程被他们称之为"两面过程"，这个名称得自于古罗马的司门神，又叫两面神，其两张脸分别朝向完全相反的两个方向。在"两面过程"中，人会同时觉察到事物的正反两面，超越了一般的逻辑；第二个过程是"同时空过程"，即同时觉察到发生（存在）在同一空间的两个或更多个事物。

---

[1] Taylor.C.W., Questioning and creating : a model for curriculum reform, *The Journal of Creative Behavior*, 1967, 1 (1), 22.33.

[2] Renzulli, J.S., A general theory for the development of creative productivity through the pursuit of ideal acts of learning, *Gifted Child Quarterly*, 1992, 36 (4).

[3] 陈国鹏主编：《心理测验与常用量表》，上海科学普及出版社，2005年版。

2. 斯腾伯格的三维模型

20世纪80年代末,斯腾伯格基于创造力的内隐理论分析法,提出了创造力的三维模型理论。他认为,创造力是由三个维度构成的,这三个维度既相互独立又相互联系。

第一个维度是创造力的智力维度,包括内部关联型智力和外部关联型智力两种。内部关联型智力是与个体内部心理过程相联系的智力;外部关联型智力是与外界环境相联系的智力。

第二个维度是创造力的智力方式维度。它是个体的一种习惯化或通过自学获得的自我控制方式,使创造力的智力维度带有一定的倾向或风格。

第三个维度是创造力人格维度,比如冒险性、求知欲以及乐意为了获取知识去刻苦工作等个性特征。

3. 托兰斯的四步骤逻辑模型

托兰斯认为,创造过程是由下列四个逻辑步骤构成的:
(1)感觉到问题或困难;
(2)对问题做出猜测或假设;
(3)评价假设,如果有可能的话,做出一些修正;
(4)表达结果。

其中,第四步意味着根据观念采取实际行动。这是杜威和华莱士模型所没有考虑到的。

4. 华莱士的四阶段模型

在有关创造过程的理论中,华莱士关于问题解决的四阶段模型被视作创造过程的经典理论模型。他认为,创造或问题解决可以分为四个阶段:
(1)"准备"阶段,人们开始提出疑问,提出需要解决的问题。
(2)"酝酿"阶段,对问题进行深入的分析,反复思考,寻找解决问题的方案或办法。这是华莱士模型的核心部分,也是心理学家们众说纷纭、争论不清的问题。
(3)"豁朗"阶段,人们"顿悟"到了解决问题的正确方案或办法。
(4)"验证"阶段,人们对解决问题的方案进行检验,对问题进行反思,最终达成问题的解决。

5. 杜威的五步骤逻辑模型

杜威是最早提出创造过程模型的人。他认为创造过程可以分为五个逻辑步骤：

（1）感觉到困难；

（2）定位并定义困难；

（3）考虑可能的解决方案；

（4）衡量各方案的结果；

（5）选择一种方案。

杜威的模型是从感觉到困难开始，但只到做出解决问题的决策为止。至于选择的方案正确与否、决策之后的进一步行动，杜威没有做出说明。

6. 帕纳斯·奥斯本的六阶段模型

1963年，帕纳斯·奥斯本（Parnes Osborn）提出了"创造性问题解决模型"。这一模型后来为伊萨克森和特雷菲格（Isaksen & Treffinger）所进一步发展。这一模型认为，创造过程应该包括以下阶段：

（1）建构机会；

（2）探索资料；

（3）架构问题；

（4）产生观念；

（5）制订解决方案；

（6）确立可行性。

20世纪90年代，有人将上述阶段归并成三个更大的成分，即：理解问题、产生观念和计划行动。

关于创造的过程，人们从不同的角度提出了不同的理论模型，可谓是仁者见仁、智者见智。其中华莱士的四阶段模型由于概念简约、内容完整、逻辑严谨而成为被引用得最多的关于创造过程的经典理论模型。

第三节 创造力的评估

一、创造力评估的方法

1.传统评估法

传统评估法是指以非实证研究的方法对创造力进行评估的方法。常见的方法包括学业成绩评估法、提名/推荐法与作文评价法等。

在创造力研究的早期，一些学校的教师常以学业成绩作为评定学生"聪明"与否的参照标准。泰勒（Taylor，1958，1961）进行的两项研究显示，学科的分数、学校成绩的总平均分数等等皆不能作为预测创造力的指标。杰克斯（Jex，1963）的研究发现，52位犹他州大学新生第一学期的总平均分与弗拉纳根的机巧测验之间的相关为-0.09。吉尔福特（1956）曾报告，不同学校的学生学业成绩与创造性思维测验之间的相关相差甚远，造成这种现象的原因包括学校的管理、气氛、教学方法、考试方法及成绩计分法等等。这些研究表明，以学业成绩作为评价学生创造力的做法是不可靠的。

提名法或推荐法是请相关人员对评价对象的创造力进行评价的方法。比如，选拔人员可以根据流畅性、应变性、新颖性和周全性等标准设立问题进行提名选拔，也可以加上相关的人格因素进行提问。以下问题均可作为提名法选拔的依据：

（1）谁的主意最多？（流畅性）

（2）谁的花样最多，反应最快？（应变性）

（3）谁的想法最为细致周密？（周全性）

（4）谁的想法最大胆或最奇特？（新颖性）

（5）谁最会提问？

提名法或推荐法的效度取决于三个主要因素，一是提名者与被提名者之间的熟悉程度，二是提名者的评价能力，三是提名者的人品，即能否不受非创造力因素（包括利益关系和人际关系等）的影响而公正地进行评价。实际上，这三个方面的保证都是难以进行控制的，这种方法容易受评价者主观因素的影响。霍兰德（Holland）的研究发现，教师及校长们对学生各种特征"评分之间的相关"竟高达 0.64（男生）和 0.59（女生），典型地呈现了"晕轮效应"[1]的存在。因而，提名法对于评价人的创造力来说，是一种不可靠的主观评价方法。

作文法是早期心理学家用以研究人的想象力的一种方法。用于创造力研究，作文题目必须是开放性的，便于激发人的想象力和创造力。作文通常会限定时间，一般为20分钟。要求被试在20分钟之内选择一个题目按要求写出一篇故事，故事必须新颖，作文对书法、文法或书面整洁性等均不做要求。

下面是托兰斯所用的一套作文题目：

（1）一个不会吠的狗。
（2）一个人在哭。
（3）一个能说话而不愿说话的女人。
（4）一个既不抓又不爬的猫。
（5）钟老师不教书了。
（6）这个医生变成了一个木匠。
（7）一个想当护士的男孩。
（8）不愿跑的马。
（9）会飞的猴子。
（10）一个想当工程师的女孩。

作文法最大的问题是评分的标准化与客观性，评分者一致性信度很难达到测量学的规范要求。

2. 联义测验

这是梅德尼克（Mednick，1965）所创立和使用的一种研究方法。他认为，创造性思维的过程是将不相关的事物联结起来形成一个新的有意义的结果的过

---

[1] 晕轮效应是社会心理学揭示出来的一种心理现象。其表现为当一个人在某些方面给别人留下了特别好的印象之后，这个人在其他方面也容易受到好评，反之亦然。俗话所说的"一俊遮百丑"、"爱屋及乌"均可视作晕轮效应的形象描述。

程。两个事物之间的关系越远，由此联结而成的结果也就越有创造性。根据这种理论，他设计了这种词汇联义测量法。

梅德尼克从桑代克和洛兹合订的《三万简易英文词典》中选出了使用频率最高的一万个词。测验共有30题，每一题中有三个英文单词，要求被试想出第四个单词与其中每一个配合以构成有意义的复合词。测验时间为40分钟。

如果将这个测验修订成为汉语测验，则其题目相当于如下情形：

请想出一个字，使其能与题目给出的三个字分别组成三个有意义的词：车、水、气。

被试可以想出"风"字组成"风车"、"风水"、"风气"，也可以想出"火"字组成"火车"、"水火"、"火气"。

梅德尼克联义测验在正式施测前，有两个简易的练习题，以帮助被试熟悉测验的规则和要求。测验的常模数据取自美国密西根大学、加利福尼亚大学洛杉矶分校、马里兰大学的4000多名大学生和500多位科学家的测验成绩。其报告的分半信度为0.86，测验与创作之间的相关系数为0.29—0.44。

吉尔福特评价梅德尼克联义测验只测出了"语意关系的辐合思维"。这个测验所测的创造力范围较为狭窄，只适用于评估文学人才。

3. 词汇联想测验

词汇联想测验是罗基奇（Rokeach）设计的。罗基奇认为有创造力的人富于联想，思维流畅，长于应变，头脑开放。他设计的测验包括25个单词，每个单词都有各种不同的解释。测验要求被试用一个最具代表性的词概括这些解释，而不需要充分解释该单词的意义。被试所能列举的词越多，便说明其思维越流畅，联想的词的类目越多，便越富有应变性。

如果将此测验修订为汉语测验，则可类似于：

请写出与"皮"字有关的字。

如果被试列举的字为：猪（皮）、羊（皮）、马（皮）、牛（皮）、兔（皮），则其应变性较差。如果被试列举的字为：书（皮）、树（皮）、脸（皮）、包子（皮）、狗（皮）等，则其应变性较好。

罗基奇的词汇联想测验比较简单，缺乏统计资料，因而不常为研究者所采用。但作为研究人的语言思维特性的一种方法，还是有其独特的意义的。

4. 弗拉纳根机巧测验

机巧测验是考查被试能否灵活、机智、巧妙地解决问题的一类测验。目前美国的机巧测验大多是与解决机械问题有关的，因为这些测验不受文化的影响。

弗拉纳根机巧测验是美国研究设计中心（American Institute for Research）主任弗拉纳根设计的，这个测验实际上是其设计的才能分数测验中的一个分测验。

弗拉纳根认为创造与机巧是有区别的。创造是产生前所未有的观念或产品，而机巧则只是一种解决问题的能力，其特点是简、捷、巧、妙。它也与一般用逻辑方法解决问题的能力不同。它要符合以下三种条件：

（1）机巧是要解决实际问题的，具有实用性。

（2）解答不但要合乎条件，而且必须聪明、巧妙，与众不同。

（3）按部就班地解决问题不算是智巧的解答，必须兼顾逻辑与巧妙以解决特殊问题。

弗拉纳根认为，只要符合上述三种条件的办法都可以称为智巧的解答。他还认为，机巧是人的一种相当独立的特性，可以随机而发，且与推理及记忆相关甚微。因此，机巧可以不受测验时间的限制。他的这一思想对创造性测验的编制颇有启发。

弗拉纳根是按以下标准制订每一项测验题的：

（1）问题必须清晰明了，且必须会产生符合以上三种（机巧）条件的解答。

（2）测验题不应包括可让被试用演绎推理来解答的材料，但被试可用演绎法进行推理。

（3）个人必须"想出"解答。

（4）问题的本身不应包括深奥的词语或观念，以免使问题变成了一种词汇测验。

（5）问题的解决不需要依靠某一领域的特殊知识。

（6）问题解答的关键在于领悟出一个字或词。当受试者悟出了这个字或词之后，会有一种"恰到好处"的感觉，讲而可以毫不迟疑地去做下一个问题。

弗拉纳根机巧测验的问题包括两部分：一是问题发生的情境，二是将解决问题的方法（通常用一个主要的字或成语即可表达出来），用第一个及最后一个字母加以暗示，并将这一标准答案混杂在其他四个起干扰作用的选择项当中。下面是一个例题：

在生产一种长杯形铸模的过程中，必须用机器来刻模型内缘的螺纹。但是铸造螺纹所产生的许多金属碎屑很难从铸模底上取出来。因为厂家怕拿出碎屑时会损害内缘的螺纹。有一个设计工程师聪明地解决了这个问题。他在铸造螺纹时，将铸模……

（1）I_____p h_____h
（2）M_____n c_____c
（3）F_____r w_____l
（4）i_____d b_____k
（5）u_____e d_____n

这道题的答案是最后一个，原词是 upside down。

也许这道题还可以有别的答案，比如用"磁铁"吸出金属碎屑。但上述五个备选答案中没有一个是能够拼出"磁铁"一词的，因此被试必须另外考虑一个答案。弗拉纳根认为，一个真正机巧的人，应该不难再想出一个方法以符合测验的要求。

需要注意的是，这个问题的答案是 upside down，但问题本身并没有给出这种暗示或解答。

编制机巧测验，最重要的是控制好关键词。通过关键词来控制测验的难度和质量，比如下题：

一次罕见的暴风吹倒了一个小城中的电视广播电台的发射塔。这个小城处于平原上，没有一个较高的建筑。以前的发射塔高达三百英尺，足够应付该地区的农村需要。在新塔尚未重建之前，电台方面亟欲恢复广播。由于应用一个_____，这个问题暂被解决了。

这一问题的答案是"气球"。

如果将最后一句改为"由于将天线挂在一个_____上，这个问题暂被解决了"，则这个问题就变得容易了。

如果将最后一句改为"为解决这个问题，可将天线挂在一个充满氢气的软质容器里。这个软质容器叫做_____"，则这个题目就变成了词汇测验。

如果将最后一句改为"欲解决这一问题，可将气球装满_____"，答案为"氢气"，那么这道题就成为物理常识问题，而不再是机巧问题。

弗拉纳根机巧测验共有24题，使用对象是高中学生。测验限时24分钟。该测验与同伴评分的相关为0.30，与推理测验的相关为0.50。由于推理测验与机巧测验的信度各为0.85，因此弗拉纳根认为机巧测验与推理测验有颇多不同之处。效度指标没有公布。弗拉纳根将此测验用于初中三年级以上的学生。根据第一年跟踪研究的结果，选取艺术、建筑以及科学为职业的学生，其机巧测验得分均相当高。

5. 欧文斯机器设计创造力测验

欧文斯机器设计创造力测验是由普渡大学心理学教授欧文斯（William A.Owens）设计的。

欧文斯认为，创造性不一定需要产生一种全新的原理，只要能以独特的眼光将现在的原理或机械联合起来以解决新的问题即可。因此，欧文斯的测验带有联想说的特点。

欧文斯测验是一种团体测验，总共15题，其内容都与机械有关。比如给出一个机械简图，要求被试给出解决机械问题的答案，或是回答机械的可能用途。这个测验由于是以机械图形为基础，因此不受民族文化差异的影响。但这个测验没有常模，只能比较一个群体内部成员的能力的相对高低。

这个测验的用途主要有三个：

（1）用以确定某些工科学生是否适合选修设计类的特殊课程；

（2）用以确定某些毕业生是否应谋取可以发挥其创造性的机械类工作；

（3）用于成人组，鉴别具有理工专长的人才，以发挥其机械设计专长。

6. 创造性人格的测验

有关创造力的实证研究是从两个方面进行的：一是直接测量人的创造力，二是测量创造性人格特点，通过创造性人格特征来评估人的创造力。

《前意识活动量表》和《教条主义量表》是专门用于测验创造性人格的工具。

卡特尔16种人格因素问卷（16PF）是一种引用较多的人格测验工具。在卡特尔16PF的测验结果中，有8种"次级因素"的应用计算公式，它们分别是：

（1）适应与焦虑型；

（2）内向与外向型；

（3）感情用事与安详机警型；

（4）怯懦与果断型；

（5）心理健康因素；

（6）专业有成就者的个性因素；

（7）创造能力个性因素；

（8）犯罪改造成功预测。

16PF在引入中国后进行修订时，由于文化不同或出于其他方面的考虑，略去了最后一项。

在第（7）项中，卡特尔表达了其对创造性人格特点的观点。

创造能力个性因素的计算公式是：

$(11-A) \times 2 + 2 \times B + E + (11-F) \times 2 + H + 2 \times 1 + M + (11-N) + Q_1 + 2 \times Q_2$。

换成自然语言描述，卡特尔认为创造力人格具有以下特点：缄默（低A）、聪慧（高B）、内敛（低F）、恃强（高E）、敢为（高H）、敏感（高I）、富于幻想（高M）、率直（低N）、乐于尝试新事物（高Q_1），有很强的独立性，不会人云亦云（高Q_2）。

但卡特尔的创造能力个性因素模型缺乏效度报告，只能作为描述创造性人格特点的一家之言。

7. 创造精神自陈量表

一些创造力研究机构编制了各种有关创造的自陈式量表或问卷，如美国普林斯顿创造力研究所的《创造精神测试》，美国普林斯顿大学人才开发公司的《创造精神自我测定题》，这类工具大多是凭经验编制的，因而更多的是具有表面效度。如果资深专家参与了编制工作，则可能具有一定的内容效度。但这类工具都没有经过标准化，没有信效度资料，没有常模，也没有测验手册，通常只能根据原始得分进行相对评估。这类工具如果仅仅用作消遣尚无不可，但如果用于人事决策则有失科学和慎重。

二、创造力的常见测量工具

1. 吉尔福特发散思维测验

1957年，吉尔福特运用因素分析的方法，提出了著名的三维智力结构模型，认为智力是由内容、操作和产品三个维度构成的。

内容维度包括五个方面的因素，即智力活动的内容包括：听觉的、视觉的、符号的、语义的和行为的。

操作维度指智力的加工活动，即对测验时给予的信息内容进行处理，包括五个方面的因素：认知、记忆、发散思维、聚合思维、评价。

产品维度指运用智力操作得到的结果，包括六种：单元（如一个单词、数字或概念）、类别（一系列有关的单元）、关系（单元与单元之间的关系）、系统（用逻辑方法组成的概念体系）、转换（对安排、组织和意义的修改）和蕴涵（从书籍信息中观察某些结果）。

上述三个维度各自所包含的因素，可以组合出 $5\times5\times6=150$ 种不同的智力结构情形。吉尔福特认为，这些不同的智力可以运用不同的测验来检验。发散思维只是操作维度的五个因素之一，它可以与内容维度的五个因素、产品维度的六个因素组成30种智力结构形式。

吉尔福特试图编制心理测验来测量上述智力结构，而发散思维测验只是其计划中的系列测验当中的一种。因此，吉尔福特编制发散思维测验的初衷并不是为了测量创造力，而只是其智力研究的一个副产品。但他同时又认为，发散思维是创造力的外在表现。于是，他最终发展出了一套创造力测验，其内容主要还是用于测量发散思维。

吉尔福特的这套测验分为言语部分（10个分测验）和图形部分（4个分测验），可以对11种能力因素进行测量。其测验结构如下：

言语部分：

（1）字词流畅：要求被试迅速列举出包含一个指定字母的单词。

（2）观念流畅：迅速列举某一种类的事物名称。

（3）联想流畅：列举出近义词。

（4）表达流畅：列举出四个都以指定字母开头的词句。

（5）多种用途：给出一个指定的事物，要求尽可能多地列举该事物的各种不寻常的用途。

（6）解释比喻：给出一些包含比喻的不完整句子，要求用不同的方式完成这些句子。

（7）效用测验：要求尽可能多地列举出事物的用途。

（8）故事命题：要求对每一篇小故事进行多种命题。

（9）推断结果：假设发生了一个事件，要求列举出该事件造成的各种可能后果。

（10）职业象征：给出一个符号或物体，要求尽量举出与之有关的职业，或是其所象征的职业。

图形部分：

（1）作图：给出一组图形，如圆形、三角形、矩形等，要求用这组图形画出各种事物，如人脸、小件物品等，各图形的运用次数不限。

（2）略图：把简单图形复杂化，组成尽可能多的可辨认物体的略图。

（3）火柴问题：用火柴棍组成一定图形（矩形或三角形），要求移动指定数量的火柴棍，使剩下的图形达到指定的要求。

（4）装饰：给出一般物体的轮廓图，要求以尽可能不同的设计方法加以修饰。

吉尔福特的发散思维测验适用于初中以上文化水平的人。测验结果得到 4 个分数：流畅性、变通性、独创性和精致性，以这 4 个分数来综合评价一个人的创造性思维能力。测验的分半信度和复本信度在 $0.60 \sim 0.93$ 之间，但没有充分的效度证据。这套测验提供了成人和九年级学生的常模。

在这套测验的基础上，吉尔福特后来又编制了一套相似的儿童创造力测验。它包括 5 个言语分测验和 5 个图形分测验，其中 7 个分测验由原测验改编而来。这套测验提供了四到六年级学生的常模。

2. 威廉斯创造力量表

威廉斯继承和发展了吉尔福特的理论。他认为在教学情景中，认知的和情意的行为与启发创造潜能之间有重要的关系。他据此设计出了认知情意互动的教学模式，并制定了一套测验来测量这一教学模式的效果，这套测验就是著名的威廉斯创造力量表。

威廉斯创造力量表包括三个分测验：发散性思维测验、创造性测验及威廉斯量表。前两个测验是为儿童和青少年设计的团队测验。三个分测验的内容结构如下：

（1）发散性思维测验。

发散性思维测验由12幅未完成的图组成，每幅图为一道测验题，共12道题，要求被试在规定的时间内完成。这个分测验的目的是测量大脑左半球的语言能力和右半球的非语言视知觉能力。测验从四个方面评分。这四个方面分别是：

• 流畅性。考查被试思维的如下特点：量的扩充，思路的流利，反应数目的多寡。

• 变通性。考查被试的如下能力：提出各种不同的意见，变化类别的能力，思路富于迂回变化。

• 独创性。考查被试是否有非同寻常的反应，能否提出聪明的主意，产生不同凡响的结果。

• 精致性。考查被试能否修饰观念，扩展简单的主意或反应使其更趋完善，引申事物或看法。

（2）创造性倾向测验。

创造性倾向测验为三点式量表，由50道题组成，要求被试在三个答案中选择一个。主要测量大脑左半球语言分析和右半球情绪处理之间的交互作用。测验可得到四个因素分和一个总分。这四个因素分是：

• 好奇心。富有追根究底的精神，主意多，乐于接触不确定性的情境，肯深入思考事物的内在机理，能把握特殊的现象，观察结果。

• 想象力。视觉化和建立心像，幻想尚未发生过的事情，按直觉推测，能够超越感官及现实的界限。

• 挑战性。寻找各种可能性，了解事情的可能及现实间的差距，能够从杂乱中理出秩序，愿意探究复杂的问题或主意。

• 冒险性。勇于面对失败或批评，敢于猜测，能在复杂的情境下完成任务，为自己的观点辩护。

（3）威廉斯量表。

威廉斯量表是一个评定量表，共有 52 道题，让父母或教师对儿童创造力的八个方面进行评定。

3. 托兰斯创造性思维测验

托兰斯创造性思维测验（Torrance Test of Creative Thinking，TTCT）编制于 1996 年，是目前影响最大、应用最广的创造力测验。TTCT 的许多测验题都是在吉尔福特所定义的"发散思维的加工过程"基础上编制出来的，具有较强的适用性并得到学校和研究人员的广泛运用，从幼儿园儿童到研究生都适用。

TTCT 由三套测验构成。三套测验分别是言语创造思维测验、图画创造思维测验、声音和词的创造思维测验。每套测验都有两个复本，方便进行初测和复测。下面是每套测验的内容和要求。

（1）言语测验。

言语测验由 7 个分测验构成，前 3 个分测验都是从一张图画衍生而来，画中有一个小精灵正在溪水里看他的影子。这 7 个分测验分别是：

- 提问题。要求被试根据图画内容提出所想到的一切问题。
- 猜原因。列出图画中事件的可能原因。
- 猜后果。列出图画中事件的各种可能后果。
- 产品改造。对一个玩具图形列出所有可能的改造方法。
- 非常用途测验。其原理与吉尔福特的第五分测验相同，要求给出一个事物的各种不寻常的用途。
- 非常问题。对同一物体提出尽可能多的不同寻常的问题。
- 假想。与吉尔福特的推断测验相类似，要求被试推断一种不可能发生的事件将出现的各种可能后果。

（2）图画测验。

图画测验由 3 个分测验构成，都是呈现未完成的或抽象的图案，要求被试完成它们，使其具有一定的意义。这 3 个分测验分别是：

- 图画构造。呈现一个蛋形彩图，让被试以此为基础去构造富有想象的图画。

● 未完成的图画。向被试提供 10 个简单线条勾出的抽象图形，让他们完成这些图形并命名。

● 圆圈或平行线测验。共包括 30 个圆圈或 30 对平行线，要求被试据此尽可能多地画出互不相同的图画。

（3）声音和词的测验。

在这个测验中，全部指导语和刺激都用录音磁带的形式呈现。该测验由"声音与表象"、"拟声与表象"两个测验组成。

在声音与表象测验中，主试给被试呈现四种抽象的声音，要求被试每听完一种声音，就把自己由声音联想到的心理表象草草地记下来。一组声音呈现三次，测验评估被试的独创性，评分指导则与前面介绍的两套测验相似。

拟声与表象测验又由"音响想象"和"象声词想象"两个分测验构成。这两个分测验都有 A、B 两种平行测验，并分别为成人和儿童配有不同的指导语。除了平行测验略有不足外，整套测验的信度非常理想，但缺乏充分的效度资料。

● 音响想象。采用 4 个被试熟悉和不熟悉的音响系列，各呈现三次，让被试分别写出所联想到的物体或活动。

● 象声词想象。用 10 个模仿自然声响的象声词各呈现三次，也让被试分别写出所联想到的事物。

在上述三套测验中，言语测验从流畅性、变通性、独创性和（图形测验中的）精致性来评分。声音和词的测验只记独特性得分。托兰斯创造性思维的测验手册中提供了详细的计分细则。

流畅性分数是被试完成的想法或图画的数量。变通性分数则是被试想法的类别数量。例如图形测验，A 被试用圆圈画了 15 幅动物的图画，B 被试也画了 15 幅图画，但是包括了动物、汽车、仪器、玩具和星球。这两个被试的流畅性得分可能都是 15，但 A 被试的变通性得分会比 B 被试低得多。独创性分数由频数统计所决定。如果被试的想法或观点在常模记录中很少有过，就可以认为这种想法具有独创性。

对于创造力测验来说，最重要的效度莫过于预测效度。TTCT 的预测效度报告由于研究工作的不同而有所不同。托兰斯进行了两项跟踪研究，他就被试在 TTCT 早期版本上的测验结果与其 12 年和 20 年后成年时期的成就进行了相关研究。结果表明预测效度在 0.43 ～ 0.63 之间。这个结果虽然仍不够理想，但并不比绝大多数成就测验或智力测验的预测效度低。

1999 年，时隔上述被试进行 TTCT 早期版本的测验之后的 40 年，托兰斯报告了相似的结果。托兰斯和吴发现在高中时具有高创造性的学生与高智商的学生获得的研究生学位和荣誉一样多，但成年后高创造性的人所获得的成就却超过了那些仅仅是智商高的人。

豪耶森对托兰斯测验的预测效度进行了检验，得到的结果与托兰斯有些出入。他发现，在对被试进行 TTCT 言语测验的 23 年之后，被试成年时的创造性成就与预测相比，并未达到显著性水平。对能被公众和个人识别的成就而言，TTCT 言语测验的预测水平在 0.33 ～ 0.51 之间。托兰斯和豪耶森都发现，TTCT 对男性创造性成就的预测要比对女性的预测准。

即使对托兰斯测验这样编制相对严谨的测验，研究者的评价也是各不相同的。有的人认为该测验的理论基础较为"松散、只能用于研究和实验"，也有人认为该测验是"研究、评估和设计决策的工具中的成功范例"。[1]

但无论存在怎样的缺陷，TTCT 始终是创造力评价工具中使用得最多、研究得最多的，而且也常常作为衡量其他新编工具质量的一个参照标准。

4. 托兰斯动作和运动的创造性思维测验

为了研究学龄前儿童的创造力，托兰斯还根据儿童的特点编制了一套"托兰斯动作和运动的创造性思维测验"（Thinking Creatively in Action and Movement，TCAM）。这套测验的特点是通过被试的行动来评价其创造性思维的流畅性和独创性。比如：要求被试采取尽可能多的路线穿过房间；按指定的方式做动作，如显示树在风中的样子；用尽可能多的方法把纸杯放废纸篓里；指出一只纸杯可能有的用途等等。整套测验不限时间。测验就流畅性（行为方式的数量）和独创性评分，评分的方法与 TTCT 相似。

TCAM 短期的重测信度和评分者信度较高，但效度资料相对而言不够充分。研究人员进行了同时效度方面的研究，他们把 TCAM 的测验分数分别与多维刺激流畅性测验和皮亚杰任务（研究人员认为皮亚杰任务测量了发散思维）的测

---

[1] 陈国鹏主编：《心理测验与常用量表》，上海科学普及出版社，2005 年版。

验结果进行了比较，两次结果的比较都达到了显著相关的水平。

但后来特盖洛、莫伦和葛德温的研究发现，TCAM 的流畅性分数与 IQ 和年龄分别具有显著性相关。这一发现又引出了新的问题，即 TCAM 的测验分数反映的是创造力还是智力？创造力会不会随时间发生显著变化？

不管怎么说，TCAM 在评价幼儿创造力方面进行了有益的探索。有的研究者指出了它的实验特性，提示人们在将其结果用于教育决策之前尚需慎重，同时需要对 TCAM 进行更深入的研究。

托兰斯在编制创造性测验时，为消除被试的紧张情绪，把测验都称作"活动"，并用游戏的形式进行组织，使整个施测过程变得轻松愉快、富有乐趣。托兰斯的这一设计指导思想也是值得注意和肯定的。

5. 芝加哥大学创造力测验

美国芝加哥大学的心理学家盖策尔（J.W.Getzels）和杰克逊（P.W.Jachson）于 20 世纪 60 年代初编制了一套创造力测验。该测验由 5 个分测验组成，其中有的来源于吉尔福特的创造力测验。测验的结构如下：

（1）语词联想。要求被试对"螺丝"、"口袋"等普通词汇给出尽可能多的定义，根据定义的数目和类别记分。

（2）用途测验。要求被试对 5 个诸如"砖块"之类的普通物品说出尽可能多的不同用途，根据用途的数目和新奇性记分。

（3）隐蔽图形。向被试呈现 18 张画有简单几何图形的图片，要求找出隐蔽在这些简单图形中的复杂图形。

（4）完成寓言。向被试呈现 4 段没有结尾的寓言，要求被试给每个寓言续上 3 种不同的结尾——"道德的"、"幽默的"、"悲伤的"。根据结尾的数目、恰当性和新奇性进行记分。

（5）组成问题。向被试呈现 4 篇复杂的短文，内容都是买房子、建游泳池等有关数学的问题，要求被试根据所提供的信息，尽可能多地组成能从文中找到答案的数学问题。根据问题的数目、恰当性和新奇性记分。

芝加哥大学创造力测验适用于小学高年级至高中阶段的学生。一般以测验或学业考试的形式在教室中进行集体施测。其记分标准为反应数量、新奇性与多样性。这三个标准分别对应于吉尔福特提出的流畅性、独特性和变通性。

三、创造力测量的简短评价

测量法是目前评定创造力的主要科学方法。与传统的评估方法相比，其信度较高，这意味着测量的稳定性、可重复性较好，对被试的创造力品质可以进行定量的描述。

但测量法目前也存在一些不足，主要表现为缺乏效度资料，尤其是预测效度的报告；或者是效度不高。造成这种状况的原因主要有三个：

一是测验编制的指导理论不够完备。人们对许多问题的认识还不够清楚，概念定义也不够精准，在这种情况下编制的测验工具难免会有系统偏差。

二是测验编制的技术环节方面的不足。比如，效标确定得不合理；提供效度评估资料的人（评估者）缺乏专业训练；评分者信度难以保证；测验手册的编制不够细致等等。

三是测验法本身的局限。创造力与创造结果之间的关系不是一种简单的线性关系，而是一种非常复杂的非线性关系。创造力只是创造结果的必要条件而非充分条件。这种逻辑关系特点从根本上决定了创造力测验的预测效度可能很难达到较高的水平。

上述前两个原因有可能通过研究者的努力得以改善，但第三个原因则无法从根本上改变，因为这种逻辑关系是一种客观存在，是不以人的意志为转移的。

目前，研究者最有可能做好的事情是通过精心改进测量工具，提高创造力测量的信效度。在这方面，托兰斯创造性思维的测验手册堪称典范。手册中对图形测验的评分标准做了比较详细的规定，被试可能有的各种想法都被列在表里，并分别赋予1、2、3三个不同的独创性分值。评分者只需要在表里寻找与被试的每个想法或每幅图画最接近的想法或主题，据此就可以对被试的想法或图画所具有的创造力做出评判。测验手册对评分方法和标准做了尽可能详细的说明，从而有利于保证良好的评分者信度。

尽管如此，托兰斯测验的评分工作仍然是相当费时的。因为测验任务无固定答案，评估的维度又比较多。罗森萨、德马斯、史迪威和格雷比尔等人的研究表明，尽管评分者之间的评分相关较高，但是没有受过专业培训的评分者之间仍然存在着显著性差异。换言之，即使评分者选出的等级次序非常相似，但某些人评出的分数总是会比其他评分者高。这种情形提示研究者，如果用托兰斯测验对被试个人或群体进行比较，就应该保证所有的评分者都是相同的一批人，否则，评价结果表现出来的差异很可能只是由于某个评分者的评分方式与众不同所造成的，而不是被试个人或群体的真正差异所致。

在创造力测量中，测试条件也会对测验结果造成显著影响。托兰斯在研究过程中注意到了这一点。托兰斯（1988）进行了36个研究来检验测试条件对TTCT测验分数的影响。其中27项研究发现至少有部分测验的结果随测试条件的变化而呈现显著性差异。托兰斯的测试条件变化包括：房间的装饰程度（无装饰与装饰齐备），测试前的准备活动的内容与程度，不同的时间安排，测试前进行的活动的有趣性，测试的氛围（像做游戏还是像测验），测试指导语的变动等。

目前，对创造力的测量研究已经出现了一些新的方法。有研究者在尝试利用现代医学仪器和脑科学的研究手段对创造活动的生理机制和大脑活动特征进行探索。

第四节 创造力发展的理论问题

无论从高尔顿还是吉尔福特算起，创造力问题的研究至今也仅有一段并不算长的历史。关于创造力的研究只能说是"仍在起步阶段和探索当中"，很多基本问题都缺乏足够的研究，相对于创造心理学这座理论大厦来说，目前的研究结果也只能说是还处于"只砖片瓦"的探索阶段。

对于科学的发展来说，提出问题往往比解决问题更重要。因为想不到的事人们就不可能去做。想到了，即便暂时解决不了，也为后来者指明了方向，人类社会也是这样进步的。

鉴于以上情况，我们以一系列的问题作这一章的结束。

一、关于创造力的若干基本问题

人的创造力是与生俱来的，还是后天发展起来的？
人的创造力发展有什么特点和规律？
人的创造力是终生发展的吗？

人的创造力是可以开发与培养的吗？换言之，人的创造力是可以通过教育的手段得到开发、提升、发展和完善的吗？

人在不同年龄段、不同的社会活动领域中表现出来的创造力是先天的禀赋还是后天教育训练的结果？如何说明和评定二者的关系？

二、创造力发展问题的研究范式

理论决定了我们能够观察到什么。理论假设决定了研究的范式，也决定了后续的研究思路与研究设计。

如果假设人的创造力发展在结构上和速度上是非线性的，那么对不同年龄段、不同社会活动领域、不同人的横向研究就是必然和必需的。

如果假设人的创造力是与生俱来、终生发展的，那么对同一批人在不同背景、不同领域中的创造力发展的纵向追踪研究就是应有之义。

也许，等以上两个范式的研究都取得了相当的成果之后，人们对创造力发展问题的认识才能进入到更高的阶段。

三、创造力的发展变化

接续前面的问题，还可以衍生出以下的问题：

创造力的发生与发展有没有类似语言和智力发育那样的"敏感期"？如果有，是在什么时候，或是什么时候在什么方面以怎样的方式受怎样的影响？

创造力发展在内容结构上是均衡的、有规律的，还是不均衡的、随机的？

创造力发展在速率上是接近匀速还是变化的？这种变化有无规律可循？

对这些问题的科学解答，将为创造力开发乃至人的教育提供更为科学的依据。

四、创造力的开发与发展

这个问题既是理论的问题，也是实践的问题。创造力的开发与发展固然有赖于前述理论问题的科学解决，但在前述问题没有很好解决之前，创造力的开发与发展又不能总是处于"等米下锅"的状态。

基于不完备理论基础之上的，甚至只是基于碎片状的经验假设之上的实践，虽然在科学性、严谨性和完整性上可能会受到诟病，甚至相反的假设可能会导致相反的、矛盾的结果，但来自实践的探索也会为理论探索提供大量活生生的素材，毕竟，认识的根本来源是实践。

也许，创造心理学的发展就是在这样一种理论与实践的矛盾纠结中进行着。这也是其他一些科学所实际走过的道路。

现在要确切地回答创造力的开发与发展问题也许还相当的困难，甚至为时过早，但对这个问题的研究已经并正在深入地进行中。

走进创造力的领域，可以发现每个概念都是可以引起争议的。一个问题的讨论和解决过程中，可能引出更多需要讨论和解决的问题。这也正是科学发展的特点：在批判或争议中发展。

三 创造的认识过程

- 创造性知觉
- 创造性思维
- 创造性想象
- 理论对创造的影响

创造活动过程首先是人的心理活动过程。正常成人的心理过程包括认识过程、情感过程和意志过程。认识过程是人的三大心理过程之一。属于认识过程的心理现象主要有感觉、知觉、记忆、思维和想象。

在创造活动过程中，人的认识过程有什么特点？有哪些特殊的认识现象？它们的本质或规律又是什么？这是本章将讨论的内容。

从科学史上的诸多案例来看，知觉、思维和想象对于创造活动来说往往具有特别重要和直接的作用。

第一节 创造性知觉

一、知觉及其特点

感觉是人脑对客观事物个别属性的当下、直接反映。感觉是感受器把接收到的刺激信号经由神经元传送到大脑，由大脑做出分析后得出的结果。因此，只要是感官正常的人，相同的刺激都会产生相同的感觉。

知觉是人对认识对象多种属性的直接、整体反映，故知觉是人们完整理解事物的开始。知觉具有整体性、理解性、恒常性和选择性的特点。

人在多种信息中有选择地接受某些信息来形成知觉，这种现象就是知觉的选择性。

人在感知客观事物时，总是根据以往的知识经验来理解它，并用词把它标志出来，这是知觉的理解性。

在对客观事物的认识过程中，人不是把客观事物知觉为单独的个别属性或孤立的组成部分，而总是把对象知觉为一个统一的整体，这就是知觉的整体性。

当知觉的条件在一定的范围内改变了的时候，知觉映象仍然能够保持相对不变，这是知觉的恒常性。恒常性表明知觉具有时空上的稳定性。

由于知觉具有以上的特点，相同的刺激在不同的人那里就有可能产生完全不同的知觉。

二、创造性知觉的特点

人在创造活动中面对研究和认识的对象时,首先会形成关于对象的知觉,这是从整体上理解、认识事物的开始。

能够导致"创造性认识结果"的知觉,称之为"创造性知觉"。它具有下列一种或数种特点:

1. 整体认知的独特性

创造性知觉表现为一种与众不同的知觉结果。如同民谚所言:"牛眼识草,凤眼识宝。"高创造性主体对同样的对象,能产生与众不同、与以往不同的新的知觉映象。

先来看一段科技史料。

在古代西方,人们种植茜草作为紫色染料,由于昂贵,只有王公贵族才能穿得起紫色的衣裳,久而久之,紫色便成为富贵的象征。化学染料工业出现后,平民百姓才有可能穿上五颜六色的衣服。殊不知,第一种人工合成染料,竟是一种错误实验导致的"失败产物"。

柏琴(William Henry Perkin,1838—1907)是英国的有机化学家和发明家。他16岁进入英国皇家学院的化学系就读。当时,煤焦油是煤炭干馏后的"无用"副产品。柏琴想以煤焦油作原料,提取丙烯甲苯胺并对其进行氧化,以此来制成治疗疟疾的药物奎宁。当时人们对奎宁的分子结构还缺乏准确的了解,他只能通过不断的实验来探索。1856年8月26日这一天,他把强氧化剂重铬酸钾加到了苯胺的硫酸盐中,烧瓶中得到的是一种沥青状的黏稠物质,实验明显又失败了。他只好去清洗烧瓶,以便继续试验。他考虑到这种黏稠物质肯定是一种有机物,多半难溶于水,于是就往里面加入了常用的有机溶剂酒精。令人意外的是,烧瓶里的黑色黏稠物质被酒精溶解成了炫丽的紫色!作为化学研究生,他马上意识到了这个意外的现象会导致一项重要的发明创造。当时人们的衣物都是采用色牢度很差的天然植物染料进行染色,无论是色彩鲜艳度还是色彩的多样性都不能令人满意,柏琴最初想用这种紫色物质去染布,可染色的棉布用水一洗就几乎掉完了!他又改用毛料和丝绸去试验,结果发现这种物质可以非常容易地染在丝绸和毛料上,而且比当时各种植物染料的颜色都鲜艳,放在碱性皂水中搓洗也不褪色。这本来是一次失败的实验,得到的物质不是原本所期望的奎宁,但柏琴迅即将这种物质知觉为一种新的染料,世界上第一种人工合成的化学染料"苯胺紫"就这样诞生了。这一年,他18岁,申请了合成苯胺紫的发明专利。1857年,他建立了世界上第一家生产苯胺紫的合成染料工厂,并因此成为世界巨富。[1]

2. 整体理解的深刻性

创造性知觉对对象的理解往往涵盖了事物的内在、本质、必然联系。形象地说,"知觉之网"一下子就罩住了事物本质这条"大鱼"。

20世纪,法国的约里奥·居里实验室的科研人员在实验中发现了一种很强的辐射,但他们仅仅解释为已知的 γ 辐射,而实际上他们"看"到的是中子流。居里实验室囿于重实验操作、轻理论思维的传统,致使其虽然最早"感觉"到了中子(一种很强的辐射),却没能形成关于中子的知觉。玛丽娅·居里曾因研究放射现象,发现放射性元素钋与镭而两次获得诺贝尔奖,但其后人却没有把握住使其家族第三次获得诺贝尔奖的机会。远在英国卡文迪什实验室的年轻科学家查德威克听到这个消息后,立即在实验室中重复了这个实验,并将这种强度大于 γ 射线的辐射知觉为一种新的基本粒子——中子,从而被科学界公认为发现中子的第一人,并因此而荣获诺贝尔物理学奖。[2]

在科学研究,特别是实验科学中,所谓"发现"不是"看见",而是"看见并深刻或正确地理解"。看见只是感觉到了,理解才是知觉到了。同样的情形也适用于经由听觉或其他信息通道所形成的知觉情形中。

总之,至少是形成了创造性知觉才能算是"发现"。这也是中子发现过程的启迪。

3. 信息选择的准确性

主体能够选择最恰当的信息形成创造性知觉,而不为冗余信息或不足信息所累。

---

[1] 百度百科:苯胺紫。
[2] 郭奕玲、林木欣、沈慧君编著:《近代物理发展中的著名实验》,湖南教育出版社,1990年版,第218〜225页。

创新常常要面对两种信息资源的窘境：一种是有效的信息资源不足，严重不足甚至绝对不足；另一种是冗余与干扰信息过多，真正有用的信息湮没在浩繁的冗余与干扰信息中，而且可能是以非常不起眼的方式存在于非常不起眼的地方。这两种情况有时会在创新过程中同时出现：一方面是需要的信息不足甚至没有，另一方面是冗余与干扰信息过多。

创新者需要有深刻的"洞察力"——透过现象把握本质的能力。洞察力的表现之一就是善于在众多信息中选择关键、准确的信息形成创造性知觉。当信息不足时，能利用少量信息形成关于对象的整体知觉。

中国在20世纪70年代决定制造核动力潜艇的时候，面对的就是信息的绝对不足：核潜艇是国之重器，其技术不可能外输。核潜艇长什么样？其内部结构如何？当时国内的顶级专家对此都是一无所知。我们的设计师当时对核潜艇的全部了解只限于来自国外媒体的两张模模糊糊的照片，照片上一艘核潜艇正在下潜，大半个艇身已没入海中，连核潜艇的全貌都看不到。后来，一位驻纽约的外交官回国时给孩子带了个核潜艇的模型玩具，设计师知道后如获至宝：总算知道核潜艇大致长什么样了！这就是中国核潜艇发展的起点！[1]

一个创新能力强的人，必然是善于捕捉、整合信息的人。哪怕只有支零破碎的信息，也能形成关于对象的创造性知觉。

4. 形成瞬间的顿悟性

创造性知觉是在接触对象的瞬间当下、直接形成的，形成的瞬间往往即具有"问题已经解决"的顿悟特点。

17世纪工业革命之后，大机器和各种机械的诞生使得钢铁材料得到了普遍的应用。然而，钢铁材料的锈蚀长期以来一直是一个令人头疼的问题，人们为钢铁的防腐可谓是绞尽了脑汁，但却很难找到一种"一劳永逸"的解决方案。有一天，一位研究枪炮合金材料的英国工程师伦福德走出室外一个废料堆，那里堆满了各种废弃的实验材料。在锈迹斑斑的废料中一件熠熠发光的材料引起了他的注意——这件金属材料没有像其他材料一样生锈，于是他便把这件材料带回了实验室，结果发现它是一种含有金属铬的合金，第一种"不锈钢"就这

---

[1] 杨连新编著：《见证中国核潜艇》，海洋出版社，2013年版。

样诞生了。

其实，在伦福德之前，这件废弃材料就已经存在于废料堆中，从废料堆边走过的人也不止伦福德一人，但其他人只是把它知觉为"一种不适于制造枪炮的材料"，而伦福德则将其知觉为一种"不会生锈的金属材料"。因此，一个研究枪炮材料而非金属防锈问题的专家，竟在自己的专业领域之外做出了技术上的发明。从认识过程分析，伦福德在偶然注意到闪光物体的瞬间，就产生了一种与众不同的知觉——这是一种值得研究的材料。

类似的情形在科学技术的发展史上还有很多。同样的事物、同样的刺激，可以在不同的人那里产生同样的感觉，但却会产生截然不同的知觉。在创造性知觉的形成过程中，知觉的理解性与选择性尤为重要。创造性知觉的形成能力，也是创造力的一种重要表现。

三、创造性知觉产生的必要条件

形成知觉的能力是人所共有的，但由于知觉具有理解性和选择性的特点，因而形成创造性知觉的能力会因人而异。创造性知觉的产生与以下几个条件有关：

1. 理论采择

采择什么样的理论假设，对人的知觉形成会产生不同的影响。

科学史上中子的发现颇为耐人寻味。

在前述查德威克发现中子的案例中，他之所以能够获得诺贝尔奖，与其老师、著名原子物理学家欧内斯特·卢瑟福的理论影响是分不开的。卢瑟福早年曾根据原子物理学的实验结果推测在原子核中应该存在一种质量与质子相当却不带电荷的粒子。作为卢瑟福的学生，查德威克熟知老师的这一想法，因而对同样的物理现象迅速形成了不同的知觉。

爱因斯坦曾说过："是理论决定了我们能够观察到的东西。"在形成创造性知觉方面，这句话不失为一句经典名言。[1]

熟悉不同的理论，又不局限于这些理论，这是创新的"知识—理论"基础。

---

[1] A·爱因斯坦著，范岱年、赵中立、许良英译：《爱因斯坦文集》（第二卷），商务印书馆，1977年版，第211页。

2. 心理准备

法国微生物学家巴斯德有句广为流传的名言：机遇偏爱有准备的头脑。

科学技术发现与发明的许多事例都显示，创造主体的心理准备状态是形成创造性知觉的先决条件。

人的心理准备状态包括一定理论采择下的注意激活状态和认识引导倾向。人对自己感兴趣的东西及刻意寻找的东西会予以优先的注意和选择，而将其余的东西置为背景。换言之，人的心理准备状态会影响知觉的选择性。

心理准备的意义和作用在青霉素发现的案例中也得到了诠释。

在青霉素被发现以前，人类对侵入人体内部的细菌一直缺乏有效的杀灭办法。当时临床使用的石炭酸，只能杀死人体表面的细菌。第一次世界大战期间，外科医生常常用烧烙、浇淋沸油的方法处理伤口，为的是让伤口尽快结痂，以阻止细菌进入体内，但这些方法并不十分有效，只会加剧伤者的痛苦。英国医生弗莱明在第一次世界大战期间参加了一个专家组，任务是寻找一种能够杀死侵入人体内部细菌的药物，但直到战争结束，这一任务也没能完成。战后，他在一家微生物研究机构从事葡萄球菌的研究工作，这是一种常见的致病菌。在一次休假前夕，他将一些细菌培养皿放入了清洗槽，却没有按规定放入足够多的消毒液，以至于有些培养皿没有被浸入消毒液。待他休假归来时，这些培养皿上有些地方起了霉斑，这在当时也是一种常见的现象，许多人对此已经是见惯不怪了。但弗莱明发现，在一块霉斑周围发生了细菌溶解现象，原本半透明的培养基变成了透明状，他猜想一定是霉菌分泌的某种物质杀死了这些细菌，他将这种物质称为"青霉素"。第二次世界大战期间，美国生物学家弗洛里解决了青霉素的提纯和大规模工业化生产的难题，从而使青霉素成为临床上可以实际应用的广谱抗生素。青霉素与雷达、核技术被并称为第二次世界大战期间诞生的三大技术发明之一。[1]

与第一种不锈钢的发现类似，弗莱明也不是第一个看（感觉）到青霉素溶菌现象的人，但他却是第一个知觉到青霉素的人。究其原因，第一次世界大战期间的经历使他的心理准备一直处于一种"待机"状态，一旦有相关的刺激输

---

[1][英]W·I·B·贝弗里奇著，金吾伦、李亚东译：《发现的种子——〈科学研究的艺术〉续篇》，科学出版社，1987年版，第30～34页。

入，主体便会立即做出反应。

3. 相关经验

创造性知觉的产生也需要以相关的经验为基础。经验是产生创造性知觉的必要条件而非充分条件。人的经验多寡与创造性知觉能力发展水平的关系类似于智力与创造力的关系。创造性知觉能力与经验在低水平上高相关，而在高水平上则可能呈现低相关。如果有合适的测量工具的话，"经验水平"与"创造性知觉能力"两个坐标可以形成一个二维平面上的点，许许多多的人所形成的许许多多的点在大数据的整体分布上会呈现为一个类似于向右上方倒置的扫帚形状。

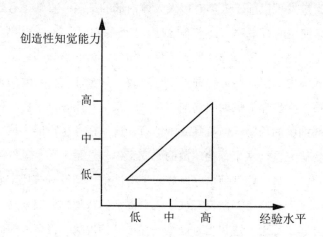

因此，对创造性知觉的产生而言，缺乏相关的经验积累不行，仅仅有相关经验的积累也不行。理论采择、心理准备与经验的共同作用方有可能产生创造性知觉。在创造领域，勤奋可以使人积累经验、使心理活动处于一种准备状态，理论学习与储备则可以成为创造成果的催化剂。

第二节　创造性思维

思维是运用概念进行判断和推理的过程。思维使得人类的认识不会仅仅停留在对事物表面现象的感知层面，而是能够透过现象，把握其背后内在、本质、必然的联系，亦即规律。

创造性思维使人类得以预见未来、创造未来，在一定程度上驾驭自然。

一、创造性思维的概念

创造性思维是思维形式的一种。凡具有正常思维能力者，皆有进行创造性思维的可能。但对于什么是创造性思维，目前尚缺乏公认甚至明确的定义。

对于"创造性思维"，可以有如下两种理解：

（1）创造性思维是能够导致具有社会价值的、新颖而独特结果的思维。

（2）创造性思维是具有一定形式结构、有利于产生创造性结果的思维形式。

上述第一种理解是一种侧重结果的理解。这种理解并没有指出创造性思维是否具有独特的结构或过程，这种定义回避了"创造性思维是否属于一种独特或独立的思维形式"的问题。这种理解强调的是思维的结果而非思维的结构和过程。第二种理解是一种侧重于结构和过程的理解。按照这种理解，创造性思维是一种多少具有一定独特性的思维形式，它在结构上和功能上具有不同于一般思维的特点，甚至可以说，它是一种独特或独立的思维形式。

究竟何种理解更为合理？上述两种理解似乎难分伯仲。也许可以采取一种折衷或兼容的理解，把创造性思维定义为：能够导致具有社会价值的、新颖而独特结果的思维，这种思维可以具有一定的形式结构，从而有利于创造性结果的产出。

在上述定义中，对于创造性思维是否具有独特的结构，是否属于一种独立思维形式的问题，持有一种保留和谨慎的说法。换言之，创造性思维可以有一定的形式结构，也可以没有。是否有一定的形式结构不是关键，关键是思维所达成的结果必须是新颖的、独特的，并具有积极的社会意义。

对创造性思维形式是否存在结构上的独立性这一问题持保留和谨慎的说法，并不是为了回避难题而含糊其词。创造性思维的形式结构问题首先不是、至少主要不是一个理论争辩的问题，而更多地是一个需要由实证研究的结果来回答的问题。如果实证研究能够揭示出这种形式结构的存在、证明其在创造性思维结果的产出上具有显著的作用，则创造性思维是否有独特、独立的结构问题也就迎刃而解了。

我们可以认为创造力也像智力一样，是由若干能力有机构成的一种复合能力。尽管目前还没有一种像韦克斯勒智商测验那样成熟的标准化测验来测量和表征人的创造力，但相信这可能只是一个时间和实证实践的问题。

在实证研究尚无足够的结论之前，出于对创造心理学发展有利的考虑，不应过于纠缠形式结构的有无问题。积极的探索和研究胜于无止境的争辩，即使这种探索和研究暂时还没有取得令人信服的结果。

出于这种认识，本节在余下的篇幅里仍试图对创造性思维的形式结构问题进行一些理论上的探讨。由于缺乏实证研究的结果，这种探讨更多的是借助于文献研究和案例分析的方法。

对创造性思维形式结构的探讨，在一定程度上亦有利于创造性思维的发生和发展。就目前的认识水平而言，类比、联想、发散思维、科学假说都可列入创造性思维形式的讨论范畴。

二、创造性思维的特点

无论对"创造性思维"的理解如何，都不妨碍对创造性思维的特点作如下描述：

（1）思维过程的批判性和灵活性。思维过程可能遵循逻辑思维的规范性，如类比、聚合思维（又称辐合思维、收敛思维），也可能不遵守形式逻辑的规范性，其过程可以是非线性的、跳跃性的、发散性的等等。

（2）思维结果具有新颖性。这是创造性思维最本质的特点。

（3）心智正常者的普遍性。创造性思维是心智正常者所皆有的一种能力。

（4）开发与发展的条件性。创造性思维能力的形成与表达受环境条件的影响，且影响的过程和结果会因人而异。

三、创造性思维的本质和作用

思维是借助概念来进行的，而新概念的提出又先要仰仗创新思维的进行。乍看起来，这像是一个"鸡生蛋、蛋孵鸡"的循环。在实际的创新过程中，二者的关系又的确是常常互为因果的。在这里，如果一定要问"先有鸡还是先有蛋"，恐怕只能说，是先有创造性思维这只"鸡"，然后才有"新概念"这只"蛋"，毕竟，新概念是创新思维的产物，尽管新概念也为创新思维进一步发展提供基础。

创造性思维于科学技术乃至人类文明发展的作用，就在于它的批判性。

在创造性思维的四个特点中,思维过程的批判性是其最本质的特点——不拘泥于权威定论的束缚和传统习惯的桎梏。因而创造性思维能力是人的创造能力或者说创造力的核心能力。

日本著名物理学家坂田昌一指出:"……在原子核的人工核反应以及宇宙线的研究等方面使用了回旋加速器、威尔逊云雾室、计数管等复杂的仪器,但是我们并不能凭直接的感觉来辨认原子或基本粒子的存在,因此,为了发现它们并了解它们的性质,首先要运用思维,如果没有思维,无论多么简单的实验也是不能进行的。而思维活动是由世界观即思维方法决定的,因此,为了使自然科学健康地成长,必须结合正确的世界观,运用正确的思维方法。"[1]

鉴于社会领域的事物因为存在不同的利益关系和不同的价值评价标准,难以定论,本书更多地以不容易引起争议的科学技术领域的事例,如高温超导技术的重大突破为例,来看批判性、创造性思维对于科技进步的关键意义。

1913年,翁纳斯因为发现超导现象而荣获诺贝尔物理学奖。在此之后的数十年间,人们把超导体研究的对象一直锁定在金属和金属间化合物之中,因为物理常识告诉人们金属是导体,因此按形式逻辑来推理,只有金属在低温条件下才会产生超导性;而金属氧化物或其烧结体(如陶瓷)是绝缘体,因而不可能产生超导电流。后来,美籍挪威人贾埃瓦在实验中直接观察到了"超导能隙现象",即电子能穿过两块超导体之间氧化物的现象,虽然他因这一发现分享了1973年的诺贝尔物理学奖,但由于他被"氧化物不能导电"的旧有观念束缚着,没能理解他这一发现的深刻意义,错失了发现超导隧道效应的机会。

60年代初人们发现了金属氧化物如Al_2O_3在超导结构体系中具有允许电子顺利通过的功能(隧道效应),年轻的物理学家约瑟夫森敏锐地抓住了机会,提出了"超导隧道效应理论",为高温超导材料的发现和开发提供了新的理论基础,从而引发了高温超导技术的重大突破。他也因此分享了1973年的诺贝尔物理学奖。约瑟夫森的成功首先在于他敢于大胆地摒弃"只有金属才能导电"的观念,大胆提出新的理论。在这里,创造性思维表现出了它在创新中的关键作用。[2]

---

[1] [日] 坂田昌一,张质贤译:《新基本粒子观对话》,生活·读书·新知三联书店,1965年版。
[2] 张道明:《超导研究为何会有重大突破》,《自然辩证法报》,1987年第13期。

能否摆脱或打破旧思想、旧观念、旧理论的禁锢,大胆地进行批判性思考、创造性思维,是创新的关键。类似的情形在近代物理学的发展中一再地表现出来。

1900年,在国际物理学界的一次盛会上,开尔文勋爵心满志得地认为,经典物理学的大厦已经基本建成,后人只需在一些细枝末节上做些修补工作即可。但他当时也不无忧虑地谈到在晴朗的物理学天空中还飘着两朵乌云,一是迈克尔逊—莫雷的以太漂移实验,二是黑体辐射实验,经典物理学无法解释这两个实验的结果。而正是这两朵乌云,导致了物理学的革命:前者导致了狭义相对论的诞生,后者则催生了量子力学。

德国物理学家普朗克是后一革命的先行者。在经典物理学中,描述辐射的经验公式有两个,一个是维恩公式,适用于描述波长较短(紫光)一端的辐射情形;另一个是瑞利—金斯公式,适用于描述波长较长(红光)一端的情形。如果把它们各自用于相反的波长情形,则会得出经典物理学所不能想象和接受的、极端荒谬的结果,这种情形又被形象地称为"紫外灾难"和"红外灾难"。描述同一物理现象的理论,为什么会有两种截然不同的公式?普朗克在研究辐射公式的过程中大胆地引入了能量子的概念,用数学内插法找到了关键的普朗克常数 h,"凑"出了一个新的描述辐射的公式,这一公式既适用于描述波长较短的情形,也适用于波长较长的情形,从而结束了"红外灾难"和"紫外灾难"。这一公式最具革命意义的是假定能量的传递是以能量子的形式一份一份地、以非连续的方式进行的,这与经典物理学理论中所认为的辐射能量是连续的相矛盾。

本来,普朗克已经迈出了创立量子力学最具革命性的一步,但由于他深受经典物理学理论的影响,始终没有继续向前再迈出一步。

他在给一位物理学家的信中说:"我能做的事情可以简单地叫做孤注一掷的行动,我生性喜欢平和,不愿进行任何吉凶未卜的冒险……这纯粹是一个形式上的假设,我实际上没有对它想的太多。"[1]

他在晚年回顾自己这段心理历程时还这样说道:"我一直试图把作用量子纳入经典物理学理论,这种尝试曾持续了许多年,并且消耗了我许多精力,但仍

---

[1] 解恩泽、赵树智主编:《潜科学学》,浙江教育出版社,1987年版,第103页。

然归于失败。我的许多同事把它视为一种悲剧，……现在我已真正了解到，作用量子在物理学中所起的作用要比当初我所设想的广泛得多，重要得多，并且由此对研究原子问题必须引进完全新的方法和新的计算方法提供了全面认识。这种方法的形成，首先应归功于玻尔和薛定谔的工作，而我自己到现在还没有多少贡献。"[1]

量子力学最终是由玻尔、薛定谔、海森堡、泡利这样一群当时平均年龄还不到三十岁的年轻物理学家们所完成的。

普朗克在物理学革命上可谓是"起了个大早，赶了个晚集"。妨碍他做出更大成就的不是别的，正是他想用新瓶装旧酒、穿新鞋走老路。老想着如何把新思想纳入旧理论，这怎么可能？未能把批判性的创新思维自觉地坚持下去，注定了他科学生涯的悲剧色彩。当然，历史无法假设，我们不应也不能苛求前人，普朗克仍是伟大的物理学家。

科学发展与社会变革领域的事例都表明了：资源、仪器、工具、名望等等外在的条件固然重要，但对创新来说，最重要的还是创造性思维——在动辄就是高精尖设备和仪器、数据和模型工具充斥的今天，强调这一点尤为重要。

中国学界每年发表的论文数早在上一世纪就已位居全球之首，但真正有价值、有影响、能经得起时间检验、能推动人类文明长足进步的论文又有多少？这些论文中的相当多数恐怕也是在耗费了不少国家资源、资金，运用了不少属于"世界一流"的高精尖仪器设备，通过调查和实验之类程序化、标准化方式获得了大量数据之后完成的。但是缺乏创造性思维、没有有价值的思想，恐怕是这些论文的共同特点。

在"SCI"上发表的论文数，曾经是并且现今仍然是中国很多高校评职称、评课题、给重奖的重量级砝码，以至于国外一些杂志也和我们国内一样"与时俱进"，专门为来自中国的论文开设了付费即发表的版面。于是，SCI 又有了新的含义：Stupid Chinese Index。

离开了创造性思维和它的产物——有价值的思想，其他一切都和垃圾无异！

---

[1] [德] M·普朗克，顾一新译：《科学史译丛》，1988 年第 1 期。

四、类比

类比是由于两个或多个事物在某些方面的相似或相同，进而推断它们在其他方面也相似或相同的一种思维形式。类比也是介于逻辑思维和创造思维之间的一种"双栖"思维方式。从形式上说，它具有逻辑思维的特点，从功能上说，它又是一种可以引发创新的思维方式。

1. 类比的特点

（1）类比是一种逻辑根据不充分的推理。

（2）类比与联想的区别在于类比要求对象之间必须具有相似性。

（3）类比是心智正常的人皆有的一种能力。

2. 类比的创造机理

类比与试错法有类似之处，都是对未知的一种尝试探索。但类比的目的性、方向性要比试错法强。

类比是根据已知来探索未知的一种思维方法。类比是在已知和未知的事物之间尝试建立联系。如果这种联系恰好是本质的、必然的联系，则类比就导致创造性结果的产生。反之，则需要重新寻找事物之间的其他可能联系。

在科学史上，人们发现天王星实际运行轨道与理论计算轨道之间存在不一致性，即存在摄动现象。科学家根据万有引力定律猜测，在天王星轨道的外侧可能存在一颗未知行星，由于万有引力的作用引起了天王星轨道的摄动。人们根据推算，把天文望远镜指向了预定的空间，果然发现了一颗新的行星——海王星。

对海王星的观测结果表明，其轨道也存在摄动现象，于是人们进行了类比推理：在海王星的外侧，还有一颗没有发现的行星，于是人们又找到了冥王星。

人们把视线转向内侧行星时，发现水星轨道的近日点也存在"进动"现象，于是人们根据类比推理，又推测在水星与太阳之间可能还存在一颗行星，甚至为其起好了名字。但人们找来找去就是找不到这颗"行星"。直到爱因斯坦的相对论理论创立后，人们才明白，水星近日点的进动不是万有引力效应，而是相对论效应。[1]

这段科学史实显示，天王星、海王星的轨道摄动原因都是由于万有引力作用，因此类比推理导致了海王星和冥王星的发现。但水星近日点的进动原因是相对论效应，与天王星、海王星轨道摄动的机理完全不同，类比推理没有抓住事物之间的本质联系，因此也就得不出新的科学发现了。

由于类比推理的逻辑根据是不充分的，因此科学家们在运用类比推理探究自然时，很像是在自然之谜这个赌桌上下注，如果押中的是本质联系、因果关系，则是成功，反之则是失败。当科学家们进行类比推理"下注"时，还并不知道事物之间的真实联系是怎样的，只有答案揭晓时方才能够知道。但有了这种能够指导"下注"的思维工具，比之盲人瞎马般的试错，总归是多了一个可用且可能导向成功的工具。

3. 类比在创造活动中的作用

虽然类比推理的结果只具有或然性，但类比推理在创造性思维活动中仍然是有价值、有意义的。其作用至少表现在以下两个方面：

（1）提示科学研究的方向。面对未来发展，类比可以为科学研究和发明创造提示方向。

第二次世界大战期间发明的雷达，其原理战后被科学家们从宏观领域推广到了微观和宇观的世界：雷达既然可以探测飞机这样的宏观对象，那么同样的原理是否也可用于探测如血红蛋白、DNA这样的微观对象？或是用于研究遥远的天体？结果，前一种类比思考导致了蛋白质 α 结构和 DNA 双螺旋结构的发现，揭开了遗传的秘密，创立了分子生物学。当然，科学家们用的不是雷达波，而是波长更短的 X 射线。[2] 后一种类比思考则导致了射电望远镜的发明和射电天文学的诞生：射电望远镜更像是一座探天的超远程雷达——向遥远的星体发射电磁波，接收回波进行分析，人类从此多了一个探索宇宙的利器。

（2）提供具体研究思路。面对问题，类比可以开拓和提供研究思路。

---

[1] 郭奕玲、林木欣、沈慧君编著：《近代物理发展中的著名实验》，湖南教育出版社，1990年版，第60～61页。

[2]［美］J·D·沃森著，刘望夷译：《双螺旋——发现DNA结构的故事》，上海译文出版社，2016年版。

1963年，路易·德布罗意在他的博士论文《量子理论的研究》重印的前言中回顾他关于物质波思想的形成："整个世纪以来，在光学上，比起波动的研究方面来，是过于忽视了粒子的研究方面；在物质粒子理论上，是否发生了相反的错误呢？是不是我们把关于'粒子'的图像想象得太多，而过分地忽视了波的图像？""在 1923 年期间，经过一段长时间的独自沉思以后，我突然有了这样一个思想，爱因斯坦在 1905 年所作的发现（光的二象性）应该可以推广到所有物质粒子，明显地可以推广到电子。"他认为，原子、电子等一切实物粒子和光一样，也应该具有波粒二象性。一个重量为 p，能量为 E 的自由运动的粒子，就相当于一个波长为 $\lambda = h/p$，频率为 $Y = E/h$，并沿着粒子运动方向传播的平面波。[1]

爱因斯坦在致物理学家玻恩的信中，对德布罗意的博士论文作了如下评价："请读一读这篇论文！可能会感到，这是一个疯子写的，但内容很充实。"[2]

物质波学说的建立，把人类对物质世界的认识又向前推进了一大步。爱因斯坦称其揭开了自然界"巨大面罩的一角"。而启迪这一思路的思维方式正是类比。类似的情境在科学史上不止一次出现。

1926 年，薛定谔受德布罗意物质波理论启发，通过对经典力学和光学的类比，建立了波动力学。

薛定谔的思路既简单又清晰：光既有粒子性，又有波动性；描述它的既有几何光学，也有波动光学，而且几何光学是波动光学的近似；现在实物粒子也是既有粒子性，又有波动性，描述它的运动规律除了质点力学外，也应该有波动力学。早在 19 世纪，哈密顿（1805—1865）就证明了质点力学和几何光学相似，因此，薛定谔十分自然地想到，波动力学很可能也和波动光学相似，而且质点力学也应该是波动力学的近似。就这样，他一举建立了描述微观粒子运动状态的基本定律——薛定谔方程。[3]

类比的用武之地不仅仅在基础理论方面，技术进步也同样离不开它。

20 世纪 70 年代初，东京技术研究所（The Tokyo Institute of Technology）的

---

[1] 余尚年：《爱因斯坦和量子力学》，《自然杂志》，1984 年第 7 期。

[2] 同上。

[3] 南京工学院等七所工科院校编，马文蔚，柯景凤改编：《物理学》（下册第 2 版），高等教育出版社，1982 年版，第 264 页。

白川英树（Hideki Shirakawa）的一位研究生试图用普通工业焊接用的乙炔气制取一种被称之为聚乙炔的聚合物。这原本是一次重复实验，聚乙炔是 1955 年被首次合成出来的一种深色粉末。但实验结束后，这位研究生得到的不是深色粉末，而是一种附在实验容器内壁有光泽的、看上去像铝箔一样的银色薄膜，这种薄膜像纱纶 (Saran) 包装材料一样具有伸展性。回过头检查整个实验过程，这个学生发现了自己的错误：也许是看错了剂量单位，他所加的催化剂比原实验要求的多了整整一千倍！他所制得的倒也还是聚乙炔，但却是与以往任何聚乙炔都不相同的另一种形式的聚乙炔。

1976 年，美国学者艾伦·G·马克迪尔米德（Alan G. MacDiarmid）访问白川英树的实验室时，所谓"合成金属"的研究在世界上才刚刚开始。这种新聚合物闪闪发光的外表一下子就吸引了科学家的注意，于是，类比思维随即被启动：它的外表光泽像金属，那么有无导电性呢？测量的结果是没有。但它又是那么像金属，能否设法儿让它导电呢？在自然之谜面前，即使是顶尖的科学家也会像一个充满了好奇心的孩子。科学家把这种新的聚合物与当年半导体材料的发现过程进行了类比：纯净的硅是不导电的，但当"掺杂"了其他元素（如锗）之后，就变成了能够单向导电的"半导体"。于是，白川英树在宾夕法尼亚大学和马克迪尔米德及其同事艾伦·J·黑格（Alan.J.Heeger）一起，历时一年多，探索如何改进聚合物的性质。当三位研究者最终用碘掺杂这种材料时，柔韧的银色薄膜变成了金属状的金色薄片，聚乙炔的导电性增加了十亿多倍。他们三人也因此分享了 2000 年的诺贝尔化学奖[1]。

五、联想

1. 联想的概念

联想是一个古老的概念。古希腊哲学家亚里士多德最早提出：人的一个观念可以引起另一个与之相似或相反的观念，或者过去曾与之同时出现的观念。这 3 种观念的联系后来被称为 3 条主要的联想律：类似律、对比律和接近律。

联想一词是由 17 世纪英国哲学家 J·洛克提出的，联想即指观念的联合。

---

[1] Alan G. Macdiamid, Richard B. kaner: Plastics that Conduct Electricity. *Scientific American*：1988，258(2)：60。

英国哲学家 D·休谟则提出了因果联想或因果律。

在心理学史上，联想一度是一个基本概念或理论原则，对心理学的发展起过重要作用，出现过联想主义心理学派。这一学派以观念或其他心理要素的联想来阐释人的心理与行为。其基本理论观点为：

（1）所有心理现象都可用联想原则来阐明；

（2）以简单的心理观念和动作的联合过程来解释复杂的心理行为；

（3）联想过程遵循一定的规律，即联想律。

联想主义有广义和狭义之分。前者泛指现代科学心理学中联想主义取向。后者专指近代哲学心理学中经验论联想主义的理论形态。在创造心理学中，联想是由一个事物"想"到其他事物的过程，亦即通过思维或想象在事物之间建立联系的过程，而不论这些事物之间是否有内在、本质、必然的联系。

2. 联想与类比

联想与类比都是在头脑中将两个事物联系起来的过程，但二者之间存在区别。

类比是在既存的事物之间进行异同的比较，由它们在某些方面的相同或相似，进而推测它们在其他方面也相同或相似的推理过程。类比是一种或然的逻辑推理，类比要求事物之间存在相同或相似之处，其适用条件比联想要严格。

联想的适用条件则比类比宽泛得多。联想是在思维或想象中对事物进行联结，而无须考虑二者的关系性质。联想可以在既存的事物间进行，也可以在现存和未存（如想象的）事物之间进行。因此，联想的空间是不受限制的。联想可以借助抽象的概念和判断来进行（思维），可以借助形象来进行（想象），也可以同时或交替借助二者来进行。联想在操作上具有思维与想象两个方面的双重灵活性。

3. 联想的分类

按分类的标准和约束条件的不同，联想可以有不同的类型。

按事物之间的内在必然联系进行的是因果联想，如由花朵想到果实。

按事物之间时空上的密切关联进行的是接近联想，如从江河联想到船舶、鱼。

按事物的相似性展开的是相似联想和对比联想，前者如由飞鸟想到飞机，后者如由"白"云想到"黑"土。

按联想的复杂程度可分为简单联想和复杂联想。

按联想的方向维度可分为单向联想、双向联想和多向联想。

按联想是否有约束条件，可以分为控制（或强制）联想和自由联想。前者是在给定的约束条件下进行联想，后者则可以向任意方向进行任意多连接环节的联想。

4. 联想的作用

联想的价值在于思维的自由。由于联想对事物之间关系或关联程度的要求不高，因而使得联想有了最大的空间。甚至可以说，如果说联想有什么限制的话，那也只受限于人的思维与想象能力。

从科学技术的发展历史来看，联想的作用至少表现在以下方面。

（1）激活人的记忆，激发人的灵感。

在听诊器发明之前，医生要判断病人肺部有无感染，只能把耳朵贴到病人的胸脯上去听，这十分不便。有位年轻的男医生在一次出诊时，遇到了一位胸部发育丰满的女病人，正当他感到为难的时候，透过玻璃窗看到了在院子里奔跑玩耍的孩子。由玩耍的孩子，他想到了以前在公园里看到的另外两个孩子玩耍的情形：这两个孩子在玩跷跷板，只是换了一种玩法，一个孩子把耳朵贴在跷跷板的一端，另一个孩子在另一端敲击跷跷板，让前一个孩子说出敲了几下——他们玩的是声音传导游戏！受此启发，这位医生立即找了本书卷了起来，凑近病人的胸部完成了诊断。回来后，他用木头刻制了一个空心的听诊器。听诊器就这样诞生了。在这个过程中，他无意识地启动的思维形式就是联想。现在的医生虽然有了灵敏度更高的听诊器，但这种木制听诊器由于能够滤除杂波，现仍然在产科被用于检查胎儿的胎心音。

（2）打破思维定势，寻找事物间新的联系，形成新的想法。

即使是给定了约束条件的控制联想，在产生创造性思维方面的作用也是不可低估的。

以"开发新椅子"为例：椅子作为一种常见的家具，它的结构特征不外乎是四条腿、一个坐面加一个靠背（没有靠背的是凳子）。结构上似乎已经无可改动，如何开发新的椅子？

当笔者在课堂上最初提出这个问题的时候，学生们往往是面面相觑。于是，老师以教室里随意抬头可见的日光灯管为控制条件，要求学生们在灯管和椅子之间进行强制联想，以灯管为起点、椅子为终点进行联想，中间可插入自由联想。结果，一连串不无价值的"新椅子"的思路就诞生了：

灯管——发光——会发光的椅子。

灯管——玻璃——晶莹剔透、像童话世界里一样的水晶椅子。

灯管——有管状包围的椅子——年轻妈妈不必再担心宝宝会跌落下来的椅子。

灯管——电——电椅——电动椅、电摇椅、电暖椅、电凉椅、电驱动的轮椅。

灯管——电——电脑——和笔记本电脑整合在一起的椅子，随处拉开就可坐下办公的椅子，尤其适合野外工作的椅子。

灯管——台灯——办公桌——和桌子整合在一起的椅子，用时拉出，不用时收起，特别适合在狭窄空间（如小房间、潜艇、飞行器、航天器）里使用的组合桌椅。

灯管——日光——白天——白云——有云彩一样纹饰的椅子，坐上去像坐在云彩里一样有漂浮感的椅子。

灯管——发光——发声——产生昆虫厌恶的波长和音频——野外适用、有驱蚊功能的椅子。

灯管——电——声、光、动力——整合了自行轮椅、收音机、报警器、通讯、电脑、电子游戏、温控等多功能的椅子，能改善那些坐在轮椅上行动不便的老人生活质量的椅子。

……

很难说，这些想法没有使用价值和市场前景。

（3）启迪思维，打开思维与想象的空间，指引创新发展的方向。

以导电聚合物的开发为例，第一种导电聚合物诞生后，人们对新材料的开发和利用展开了一连串的探索，这其中不难发现联想的作用。

导电聚合物——重量轻——重量受限的场合（如航空航天）可用导电聚合物代替传统金属导线。

导电聚合物——导电塑料——耐腐蚀——传统铅酸蓄电池的电极——耐腐蚀的电瓶

聚合物——掺杂后会改变导电性——空气、水、土壤环境中的某些有害物质可以视作掺杂物——环保监测元件或仪器——发生污染时自动报警。

导电聚合物——掺杂物质不同，通电后颜色和透明度会不同——新型环保节能玻璃和装饰材料。

……

联想是人的一种基本能力，也是人的一种基本的创造素质。联想也是能把思维与想象整合起来的一种形式。借助抽象概念进行的联想是思维，借助形象进行的联想则是想象。

六、发散思维与聚合思维

按思维的方向特点，可将思维分为发散思维与聚合思维。

1. 发散思维的定义

发散思维是从已有的信息出发，沿着不同方向思考，重新组织记忆中的知识，产生多样性答案的思维形式。又称求异思维，它与聚合思维相对。发散思维的概念最早由美国心理学家吉尔福特提出。

2. 发散思维的特点

发散思维具有流畅性、变通性（灵活性）、独创性（新颖性）和精致性（精确性）的特点。

流畅性是指面对问题，能够迅速、连续、尽可能多地产生新的想法。其操作测评指标是单位时间内所产生想法的数量。

变通性是指能从多种角度思考问题。其操作测评指标是单位时间内所产生想法的不同种类数。比如：水有什么用？甲答：供人和动物喝、浇花、浇菜、养鱼、养虾、养王八。乙答：保障生命所需、洗衣服、电解制取氢气和氧气、制作冰块、发电、美化环境。

二者的流畅性相同，但甲说来说去只说了水的一种用途——生命所需的物质；乙则说了水的6种不同种类的用途。如果定义每种用途得1分的话，则前者的变通性得分仅为1分，而后者的变通性得分则为6分。

独创性是指能够产生新颖、独特、与众不同的想法。其操作测评指标是统计上的"低频反应"，一般为5%。亦即一种答案在所有回答中出现的比率不高于5%。

比如，还是上面的问题：水有什么用？甲和乙的答案都是一般人所能够想到的，在独创性上得分为0。如果有人回答"可以装在透明的气球里当作凸透镜，引燃火种"，这个答案在100个人或100次回答中只出现了不到5次，则满足低频反应的指标，可以记1分。

精致性是指能够产生细致的、方便操作检验的想法。如"水有什么用？"甲答：美化环境。乙答：制作冰雕。甲的回答过于笼统，不具有可操作性。乙的回答则具有较好的可操作性。但精确性的操作测评指标在客观性方面不如前三个指标容易把握，因此在发散思维测评中较少使用。

3. 发散思维的作用

发散思维能力不等于创造性思维能力，创造性思维能力是多种能力的复合。创造性思维能力也许可以像韦氏智商测验那样由一组测验来进行操作定义。但发散思维能力却是创造性思维能力的重要表征。创造性思维能力强的人，面对问题时能较好地表现出流畅性、变通性、独创性和精致性的思维特点。

发散思维在创造过程中的作用在于打破思维定势，提供多个思维方向或视角，发现和提出问题，产生多种多样的可能结果，提升人的创造性思维品质。

4. 发散思维的训练

根据发散思维的特点，可以给出发散思维的训练要点：

（1）面对问题，尽可能快、尽可能多地给出各种解决问题的想法。

（2）不要局限在某一类想法上，要尽量给出不同种类的想法。

（3）设法给出不同寻常的想法，而不要满足于给出一般人都能想到的想法。

（4）尽可能精确、细致地描述新的想法，特别是给出可能解决问题的方案，而不要泛泛地停留在表面上正确却又无法进行操作检验的原则或想法上。

5. 聚合思维的定义

聚合思维又译作辐合思维、收敛思维，它是从已有的信息出发，根据熟悉的知识和经验，按逻辑规则来获得问题最佳答案的思维形式。聚合思维是与发散思维相对应的一个范畴，通常被当作"解决问题"的思维方式。

6. 聚合思维的特点

与发散思维相比，聚合思维有以下一些特点：

（1）思维空间的闭合性。聚合思维是在现有条件下解决问题，思维空间不像发散思维那样开放无边，而是闭合的，通常不超出现有条件的范围。这也是聚合思维空间的边界性。

（2）思维结果的收敛性。发散思维的方向是由问题向外辐射，问题是一个思维的出发点或辐射中心；聚合思维的方向是由各种已知条件指向问题本身，问题是各种思维的聚焦点。聚合思维的结果是收敛到思维空间的某一点，指向一个固定的目标即给出解决问题的答案。当答案有多个时，它会比较答案并按一定的约束条件进一步收敛到最优答案。这是聚合思维的本质特征。

（3）思维根据的充分性。聚合思维要求充分利用已有知识、经验和条件，赋予答案以逻辑根据上的充分性。这也是聚合思维结果得以立足的根据。

（4）解决问题的效用性。聚合思维的功用首先是"解决问题"而非"提出问题"。能有效解决问题的思维结果才是所需要的结果。这也是聚合思维存在的最终价值。

7. 聚合思维的作用

在以往的创造理论研究中，人们把更多的注意力放到了发散思维上。殊不知，创新就是解决难题，创新能力就是解决难题的能力。在这个意义上，凡是能够用来解决难题的思维形式，都属于创造性思维，聚合思维也是如此。

聚合思维的作用包括但不限于：根据已有的条件解决问题；对人进行逻辑思维训练，培养人严谨、细致思考的能力；验证创新的想法；证实或证伪一种理论、实验或假说。

在创造性思维中，仍须为聚合思维保留一席之地。幸运或不幸的是，工业时代以来的学校传统教育，一直是以聚合—逻辑思维训练为主的教育。

七、科学假说

19世纪的一位德国先哲说过:"只要自然科学在思维着,它的发展形式就是假说。"[1]

数学家高斯也说过:"若无某种大胆放肆的猜测,一般是不能有知识的进展的。"[2]

纵观科学发展的历史,就是一个假说不断出现、不断证实或证伪的过程。无论哪个学科,都充斥着大量的假说。

1. 假说及其特点

假说是科学理论借以发展的一种观念形式,也是创造性思维结果的一种载体形式。

科学假说具备以下四个特点:

(1)形式上具有科学理论或模型的结构形态,只是其正确性有待证实或证伪。这是科学假说与科学理论的本质区别所在。

(2)能够解释原有理论所能解释的现象与事实。科学假说必须能够"向前兼容",否则就没有存在的根据。

(3)能够解释原有理论所不能解释的新现象和新事实。这是科学假说存在的必要条件,否则科学假说就没有存在的必要。

(4)能够得出推论、预测或提供可操作检验的结论。这是科学假说和思辨臆测、猜测的区别所在。

2. 假说与理论

假说与理论在结构形式上具有同构性。

从概念上说,假说是未经证实的理论,理论是业已证实的假说。

但从科学的现实发展过程来看,假说与理论的区别又不是严格一成不变的,二者的区分是相对的。假说与理论甚至还存在一种相互交错、相互包容的关系:有些假说得到了部分的证实,因而假说中包含理论的成分,有些理论中又包含

---
[1] 恩格斯:《自然辩证法》,人民出版社,1971年版,第218页。
[2] 郑日昌著:《心理测量》,湖南教育出版社,1987年版,第311~312页。

尚未得到完全证实的假说成分。

从发展的角度来说，二者的关系也许可以做这样的表述：假说是有待证实（或证伪）的理论，理论则是暂时得以证实的假说。之所以说理论是"暂时"得以证实的假说，是因为随着科学和认识的发展，一些当时得到了证实因而上升为理论的假说，可能又会遇到新的无法解释的现象或事实，原有理论又会被新的假说所取代或包含。

由于假说与理论的区分具有这种动态、相对的特点，因此在现实中，人们往往不加区分地在同等意义上使用假说和理论这两个概念。二者的区别，更多地只具有逻辑概念上的意义而不是实际操作的意义。

3. 假说的作用

假说在科学理论的发展过程中扮演着不可或缺的角色，发挥着不可替代的作用。以至于在一定意义上可以说，科学理论的发展过程，就是一个假说不断提出、不断证实和不断证伪的过程。其典型的发展过程就是：在原有事实基础上形成了一种理论——发现了新的现象或事实——原有理论不能解释——提出新的假说——假说被证实或证伪——新的科学理论得以确立和发展——又发现了新的理论不能解释的问题或事实——新的假说……。

如此循环往复，科学理论就在这种循环中得以发展。例如：人们对原子结构的认识，就是借助假说不断发展的过程。

在 20 世纪初期，人们对原子的认识仅限于以下有限的事实：

（1）原子是物质的一个结构单元；

（2）电子是原子的结构单元；

（3）电子是带负电的粒子；

（4）整个原子是电中性的。

根据这些事实，汤姆森于 1903 年提出了原子结构的"葡萄干布丁"模型，这一模型本质上就是一个假说。他认为原子是一个像布丁一样松软的实心球体，电子就像葡萄干一样嵌在这个布丁上。这个假说很好地整合解释了当时已知的事实。

根据"葡萄干布丁"模型，可以得出这样的推论：当以 α 粒子轰击原子的时候，α 粒子应该不会发生大角度的偏转，因为原子像布丁一样松软，α 粒子的质量又远大于电子,这就像用子弹向西瓜射击一样,子弹应该穿越而过,即使击中电子,也就像子弹击中了西瓜籽一样,子弹不可能发生大角度偏转。然而不幸的是,这种大角度的偏转在实验中被观察到了,有些 α 粒子的偏转角度之大,简直像是撞到了墙之后被直接弹了回来。

"葡萄干布丁"模型遇到了不能解释的新事实。在实验中观察到的新现象提示,原子的大部分质量是集中在原子的中间区域,换言之,原子似乎是一个有核结构。

据此事实,新西兰裔英国原子物理学家 O·卢瑟福勋爵借助类比,提出了一种新的原子结构模型(假说):原子的行星模型,又称太阳系模型。在这个模型中,原子是一种有核结构,原子核像太阳一样居于原子的中心,电子像太阳系行星一样围绕原子核高速运动;原子核是带正电的,电子带负电,整个原子是电中性的。

这个模型很好地解释了原来"葡萄干布丁模型"所能解释的事实,也能很好地解释"葡萄干布丁模型"所不能解释的新事实。这一模型简洁明了,容易理解,以至直到今天,在一些科普宣传中还将其作为原子的 LOGO 图标。

然而新的问题来了:根据能量守恒与转化定律,高速绕核运动的电子应该不断地向外辐射能量,损失动能,原子应该是不稳定的,可现实中的原子都是稳定的。由行星模型得出的这一推论明显与现实不符。也就是说,原子的行星模型又遇到了不能解释的事实。

丹麦物理学家 N·玻尔提出了"能级轨道"的概念,修正了卢瑟福模型。他认为核外电子是在确定的"能级轨道"上运行,当电子在能级轨道上运行时是不向外辐射能量的,此时原子是稳定的。只有当电子在不同能级轨道之间发生"跃迁"时,才会发生能量的变化。

玻尔用"能级轨道"的概念为行星模型打了个补丁,暂时避过了"原子稳定性"这个难关。但这个补丁很快也使这个精致模型变得不堪重负,它只适合描述核外电子数较少的原子,当核外电子数增多时,这个模型就会变得异常复杂,在当时没有计算机的条件下,要描述这些"能级轨道"和原子结构简直就是一种计算灾难。

直到量子力学诞生,新的原子结构模型才走出行星模型的困境。根据量子力学的理解,电子就像是笼罩在原子核外的一团"电子云",核外电子在绕核做高速运动时，并没有什么固定的能级轨道，其运动轨迹完全是随机的。先前模型所认为的所谓轨道，不过是电子随机高速运动过程中出现在某些区域的概率较大而已。这是目前人们对原子结构的认识。尽管目前还没有强有力的、新的现象和事实挑战它，但谁也不能说，这就是关于原子结构认识的最后的终极真理。

这就是人们对原子结构认识的大致发展过程，它是由一连串的模型假说串连而成的。

4. 假说的发展：证实与证伪

假说的证实与证伪并不是一个简单的实验问题，它可能还会涉及逻辑甚至哲学问题。

20世纪30年代早期的实证主义"标准观点"认为：只有能够证实的东西才是科学的。

第二次世界大战之后，出现了影响人类社会的三大思潮：马克思主义、人本主义（继文艺复兴之后的第二次高潮）和英国哲学家波普提出的"证伪主义"。

证伪主义认为，科学的标准不是证实，而是证伪。因为千百万次的重复在逻辑上也并不能证实一个普遍性的命题，但只要有一个反例即可推翻一个普遍性的命题。比如"太阳每天从东边升起，西边落下"，太阳系诞生以来从地球上看天天如此，已经重复"证明"了多少亿年，但根据恒星演化的规律，太阳终有一天不再会从东边升起。同样，"凡天鹅皆白"，无论观察到多少白天鹅，都不能保证下一次观察到天鹅还是白的。只要找到一只黑天鹅，"凡天鹅皆白"这个普遍性命题就会被推翻了。因此，在科学问题上，证伪比证实更重要，凡是不能证伪的，都不是科学。

假说的证实与证伪涉及两个方面的问题：结果和对结果的解释（判断和结论）。

在以往并不明确的观念中，结果和结论似乎是一回事。实则不然。结果是实验得到的数据、观察到的现象，绝大多数情况下结果是客观的事实；结论则是对结果的分析、判断，是对结果的主观的解读或解构。

很多时候，实验的数据、事实等结果是客观真实的，结论却下错了。科学界有一个流传的笑话,说的是一个教授训练了一只跳蚤,让它能够听懂并服从人的命令。教授向跳蚤发出了"跳"的命令,跳蚤就向上跳起一定的高度,教授记下了这个高度;随后扯掉跳蚤的一条腿,再发出"跳"的命令,跳蚤这次跳起的高度低了一些;教授记下这个高度,再扯掉跳蚤的一条腿,再发出跳的命令,记下高度;再扯掉一条腿,……如此反复。当扯掉最后一条腿后,跳蚤就再也跳不起来了。于是教授最后得出结论:当扯掉了跳蚤的最后一条腿后,跳蚤就变成了聋子!

这个笑话虽然是杜撰的,但却再好不过地说明了数据、事实等"结果"和"结论"之间的并非天然一致的关系。

有时候,甚至连"数据"和"事实"可能都是错的。在哥白尼之前,人们每天观察到的"事实"都是"太阳围着地球转",于是"地球中心说"作为结论在很长时间里被奉为圭臬,其结论可谓有充分的"事实根据",可哥白尼证明了,前人从观察结果到得出的结论都错了。

对假说的证实与证伪要持谨慎和发展的观点。证伪主义的观点是值得注意的。

还有一种情况,就是证伪的不一定是全部假说,而可能只是否定了假说中某些不合理或不完善的地方,比如无意中增加的附加假设。在亚里士多德时代,光速被认为是无限的。后来的伽利略对此存有质疑。于是他设计了一个测定光速的实验。在漆黑的夜晚,他带着一名助手和一盏灯来到郊外,他让助手快速地打开灯的开关,让灯光泄露出来,并记下开关的时间。他在一定的距离之外记下看到灯光的时间。然后用光通过的距离除以时间,他以为这样就可以测得光的速度。结果,这个实验当时根本无法测出光的速度,实验以失败告终。

于是,伽利略的反对者认为,实验的失败证明了"光速有限"假说的错误。

实际上,伽利略"光速有限"的假说和实验的设计原理都是正确的。他这个实验的失败,只是否定了"在有限距离上、用手动开关和手动计时的方法可以精确地测定光速"这样一个隐含的假说,而非"光速有限"这样一个假说。

对于假说的证实与证伪而言,无论分析结果还是得出结论,最重要的仍然是科学的思维能力。一定要弄明白:证实的究竟是什么?证伪的又是什么?

第三节 创造性想象

一、想象的概念与特点

想象是根据已有的知识、经验和记忆表象,在头脑中再现或创造出新形象的过程。

根据想象的结果是否具有创造性,可将想象分为再造想象和创造性想象。

再造想象是根据已有的知识和经验,在头脑中重现有关事物的形象。如读到"天苍苍,野茫茫,风吹草低见牛羊",人的脑海中就会浮现出大草原的景象,这属于再造想象。

创造性想象是根据一定的知识、经验和记忆表象,在头脑中创造出新的、前所未有的新形象。

创造性想象是借助形象进行思考,属于"形象思维"的范畴。创造性想象不等于无端的异想,而是有坚实的科学基础的。它的特点包括:

(1)以已有知识、经验和记忆表象为基础。

(2)新形象在现实中并不一定以整体原型的方式存在,但却有现实依据。

(3)不是简单地再现已有形象,而是构造出新的形象。

根据想象是否受意识的自主控制,可以将想象分为有意想象和无意想象。有意想象是在意识的支配下自主进行的、有目的的想象。无意想象是在无意识情况下发生的、无预定目的的想象,或是"不由自主的想象"。

创造性想象既可以是有意想象,也可以是无意想象。

二、想象在科学创造过程中的作用

无论是科学领域的理论发展还是技术领域的发明创新,想象都是不可缺少的。

爱因斯坦是如此评价想象力的:"科学家读自然之书必须由他自己来寻找答案,他不能象某些无耐性的读者在读侦探小说时所常做的那样,翻到书末去先看最后的结局。在这里,他既是读者,又是侦探,他得找寻和解释(哪怕是部分地）各个事件之间的联系。即使为了得到这个问题部分的解决，科学家也必须搜集漫无秩序地出现的事件，并且用创造性的想象力去理解和联贯它们。……物理学家的工作必须像侦探那样用纯粹的思维来进行。"[1]

另一位因揭开蛋白质 α 螺旋结构而荣获诺贝尔医学或生理学奖的美国科学家里纳斯·鲍林（Linus Pauling）也说，"直觉和想象在科学方法中有重大作用"，"许多科学家往往是靠极其丰富的想象力（卓越的新思想）来发现的"。[2] 在回顾他自己的获奖成果时他写道："对于比较复杂的物质（例如现在被研究的骨胶和白明胶多肽链）分析工作是如此复杂，以致很难取得成功；在这里只有采用模型方法。为使现代结构化学的原理在其可靠性的限度内被有效地运用，必须以很大的精确程度来建造分子模型。"[3]

法国文豪雨果也说："科学到了最后阶段，就遇上了想象。在圆锥曲线中，在对数中，在概率计算中，在微积分计算中，在声波的计算中，在运用于几何的代数中，想象都是计算的系数，于是社会学也成了诗。对于思想呆板的科学家，我是不大相信的。"[4]

想象，或者说创造性想象，在科学创造过程中的作用主要表现在以下方面：

（1）解释：利用形象解释抽象的概念，如物理学中的"麦克斯韦妖"。

（2）推理：借助形象进行逻辑推理，如通过"理想电梯实验"论证"引力质量与惯性质量相等"，用"爱因斯坦火车"诠释"同时性的相对性"。

（3）启迪：借助形象提出新的概念、假说，如通过"理想电梯实验"说明光线在通过强引力场时会发生弯曲，或者说强引力场会使周围的空间发生弯曲。

（4）整合：把事实与理论整合为新的一体，如"苯环"，原子结构的"太阳系行星模型"。

三、"理想模型"与"理想实验"

"理想模型"和"理想实验"堪称想象在科学创造过程中的应用范例，值得

---

[1] A·爱因斯坦、L·英费尔德著，周肇威译：《物理学的进化》，上海科学技术出版社，1962年版，第2页。
[2] 周林、殷登祥、张永谦主编：《科学家论方法（第一辑）》，内蒙古人民出版社，1983年版，第369页。
[3] 同上，第391页。
[4] 樊莘森等编：《美学教程》，中国社会科学出版社，1987年版，第471页。

单辟简述。

"理想模型"是以理想化的方式在头脑中想象出在现实中无法实现的模型。它的作用在于可以在头脑中撇开干扰因素,抽象和突出主要因素,便于研究事物及其运动的本质规律。

1824年法国物理学家卡诺(1796—1832)提出的"理想热机",即为想象和抽象完美结合的理想模型。卡诺根据大量真实的热机,想象出了一个"理想热机",它由两个等温过程和两个绝热过程组成"理想循环"。其中的等温过程舍弃了温度变化,绝热过程则舍弃了跟系统外的热量交换。他设想这个理想循环是可逆的,舍弃了过程中的摩擦等不可逆的因素。由此得到了热机效率公式 $\eta = T_1 - T_2 / T_1$。其中 T_1 为等温热源,T_2 为低温热源。由于 T_2 不可能为0,热机不可能把全部热能转化为机械能,因此不可能造出永动机。[1] 卡诺运用想象和抽象相结合的方法,揭开了热机效率之谜,也显示了科学想象与"永动机"之类非科学想象的分野。

在创造过程中,当人们在问题面前感到"山穷水尽"时,创造性想象也许是走出迷局的一条"捷径",因为它不需要任何其他外部的物质条件,只需要启动想象这个人类大脑与生俱来的"自带功能"。

爱因斯坦在创立相对论时遇到了两个逻辑前提问题:一个是引力质量与惯性质量的关系问题,另一个是同时性的定义问题。这是两个无法通过现实的观察或实验所能解决的问题,但又是狭义相对论的两个重要逻辑基石。如果其合理性得不到确认,则理论大厦便如同建立在沙滩一般。

爱因斯坦运用想象中的"理想实验"解决了这两个逻辑难题。所谓"理想实验"就是根据相关的科学原理,在头脑中想象出来、在现实世界中无法进行的实验。

爱因斯坦作为娴熟驾驭"理想实验"的大师,他对"理想实验"的理解和评价是:"理想实验无论什么时候都是不能实现的,但它使我们对实际的实验有深刻的理解。"[2]

---

[1] 姜念清著:《科学家的思维方法》,云南人民出版社,1984年版,第161页。

[2] A·爱因斯坦、L·英费尔德,周肇威译:《物理学的进化》,上海科学技术出版社,1962年版,第5页。

众所周知，在牛顿力学中有两个质量概念，一个是出现在万有引力定律中的引力质量，另一个是出现在运动定律中的惯性质量（F=ma），但二者是什么关系？是否等同？牛顿并没有说明。

爱因斯坦设想了一个在引力（重力）场中做自由落体运动的封闭的"爱因斯坦升降机"，又称"爱因斯坦电梯"，电梯中有一个人，手里拿着一个物体，比如手表或手帕，当他松开手的时候，手中的物体就会停留在他松手的位置，在他看来，物体是悬浮在了空中。由于升降机是完全封闭的，对电梯中的人而言相当于屏蔽了引力场，他不知道自己处于引力场中，在他看来，此时眼前的物体只有惯性质量而没有引力质量。但对于电梯外部参照系的观察者而言，在引力场中做自由落体运动的电梯中的物体是有引力质量的。

爱因斯坦用这个想象出来的"理想实验"，说明了引力质量和惯性质量是等价的，进而引出了广义相对论的一个重要原理——等效性原理，使得他能够顺利地把相对性原理从惯性系推广到非惯性系，即推广到任意参照系，从而为广义相对论的建立扫除了一个关键障碍。

关于"同时性"问题，爱因斯坦设想了一辆能以很高速度运行的"爱因斯坦列车"。当两道闪电同时击中这辆列车的车头和车尾时，对于处在两道闪电正中间的列车外的第一个观察者来说，由两道闪电到达他的距离是相等的，他看到闪电的时间也是同时的，对他而言，闪电是同时发生的；但是对于坐在列车里面，闪电发生时其位置正好与第一个观察者重合的第二个观察者来说，由于他是迎着车头的闪光、背着车尾的闪光在运动，车头闪电的光会先到达第二个观察者的眼中，在他看来，是车头的闪电在先，而车尾的闪电在后。对于一个（静止）参照系的观察者而言是"同时"发生的事情，对于另外一个（运动）参照系的观察者而言却可能不是"同时"的。如果列车是以光速运动的话，则车尾的闪光永远也到不了观察者的眼中，对观察者而言，就只有车头的闪电而没有车尾的闪电发生。

爱因斯坦用这个理想实验说明了"同时性的相对性"，不同参照系的时间特点是不一样的，脱离参照系去讨论事件的时间是没有意义的。他用"理想实验"扫清了相对论创立途中的另一个理论障碍。

根据广义相对论的理论，光线在通过引力场时会发生弯曲，这对于生活在宏观低速环境中的人来说是难以理解的。于是爱因斯坦设计了另外一个"理想实验"来对此加以说明：设想有个在重力场中以加速度 a 上升的电梯，由于加速度 a 的方向与重力场相反，这相当于加强了引力（重力）场，在电梯的一侧射入一束光，这束光经过一段极短的时间后到达电梯的对面墙壁，由于电梯处于一个强引力场中，电梯中的观察者会看到光线到达的位置会低于电梯静止时的位置，在他看来，光线在通过强引力场时发生了弯曲。

爱因斯坦的广义相对论结论虽然对囿于生活经验的人来说难以理解，但通过形象生动的"爱因斯坦电梯"的诠释就变得不难理解了。更为重要的是，英国天文学家爱丁顿 1919 年在非洲普林西比岛的日全食观测，验证了爱因斯坦广义相对论的三大预言之一。广义相对论的另外两个著名预言，其中一个是水星近日点的进动，另一个是恒星发出的光谱谱线由于强大引力的作用会使其波长变长，也就是发生引力红移现象。[1]

爱因斯坦不仅是位擅长用数学语言进行抽象思维的科学巨匠，还是一位善于用想象进行创新和沟通说服的大师。文学艺术创作需要想象，科学研究同样需要想象。

如果要像韦克斯勒编制智商测验那样构造创造力测验的话，想象力无疑应是创造力的重要而基本的组成部分。

四、梦

把梦归在创造性想象下来写，乍看起来也许有些唐突。

在科技史上，利用梦境得到灵感、做出创新的事例并非孤例。梦作为一种看似神秘的心理现象，创造心理学没有理由对其视而不见。

1. 梦中的发明与创造

19 世纪，工业革命已经近二百年了，可缝纫仍然是手工方式，效率极低。美国发明家赫威决定发明一种"缝纫的机器"。他投入了大量的时间和金钱，但因受传统思维定势的影响，针孔设计在针的尾部，因而发明总是不能成功，他为此苦恼不已。

一天晚上，他梦见一个部落的首领命令他在太阳上山之前完成发明，否则

---

[1] 郭奕玲、林木欣、沈慧君编著：《近代物理发展中的著名实验》，湖南教育出版社，1990 年版，第 61～70 页。

就要处死他。此时部落的战士拿着长矛在他眼前挥舞着,每个长矛的尖上都有只凶狠的眼睛在瞪着他。他在又急又怕中惊醒了,梦中长矛上的眼睛启发了他。他一骨碌爬起来,这次他把缝纫机的针孔设置在针尖部,结果,在太阳上山之前,他的缝纫机发明完成了。[1]

小提琴奏鸣曲《魔鬼的颤音》是18世纪意大利小提琴家塔尔蒂尼(又译作塔蒂尼)的传世之作。关于这首乐曲的产生,他是这样回忆的:"这是在1713年的一个夜里,仿佛我的灵魂被出卖给了魔鬼。这魔鬼对我的每一个愿望都未卜先知。一次,我想把我的小提琴给他,看他能不能演奏点有趣的东西。当我听到如此美妙、如此巧夺天工简直是人类幻想的大胆的驰骋的奏鸣曲时,我是多么惊异不止啊!我几乎屏着呼吸沉醉于这美妙的音乐之中。突然我的梦醒了,我立即抱着小提琴,竭力把我梦中听到的哪怕是几个音记住也好,但是全部枉然。"[2]

塔尔蒂尼当然不可能把他睡梦中听到的音乐记录下来,但他却能捕捉住那一瞬间的灵感,把客观的表象和主观意象结合的产物用音符表现出来,于是产生了《魔鬼的颤音》。塔尔蒂尼说:"我在这魔力的影响下创作的是我写得最好的作品,我把它叫做《魔鬼的颤音》。"[3]

与睡梦、梦境有关的事例还可以举出一些。其实从创造心理学的角度来说,事例不在多少,而在于是否典型。只要包含本质的东西,解剖一只麻雀和解剖一百只麻雀是没有区别的。

科学研究是一个三部曲:是什么——为什么——怎么做。人在睡梦中能否做出创造性的工作?这属于"是什么"的问题。有上述两个典型案例的回答已经足够了。接下来的问题是"为什么"——梦的创造机理是什么?只有搞清楚了为什么,才能顺理成章地导出"怎么做"。

2. 梦的创造机理

从远古时期,人就开始关注梦、解释梦。但在脑电波被发现之前,关于梦的研究始终缺乏科学的工具和根据。

---

[1] 刘翔军:《梦与创造心理》,《创造与人才》,1987年第1期。
[2] 刘翔军:《梦与创造心理》,《创造与人才》,1987年第3期。
[3] 同上。

巴甫洛夫时代对梦的解释是：睡眠是大脑皮层的广泛抑制过程；大脑皮层长时间的兴奋会诱发相反的神经过程——抑制，抑制从某一点（区域）向临近区域扩散，最终弥散到整个大脑皮层，这时人就进入睡眠状态。在这个过程中有些区域没能进入抑制状态，仍处于兴奋状态，于是就产生了梦。由于这些没有抑制的区域是孤立的，神经过程的联系是不完整的，因此梦境也就是支零破碎、不合逻辑的。今天，这种解释已经被更具科学性的研究所颠覆了。

现代科学关于睡眠和梦的解释是与脑电波的发现分不开的。

英国医生理查德·卡顿在1875年首先在动物身上观察到了脑电波。后来，荷兰医学物理学家威廉·爱因托芬用弦线电流计记录心电图波形获得成功。1924年德国的精神病学家汉斯·贝格尔决定用弦线电流计来测定大脑的电活动。他首先用狗做实验，随后成功地记录了病人、他的家庭成员、朋友及其他志愿者的脑电波图。贝格尔最早识别出了两种不同类型的脑电波，他分别称之为α波和β波。后来，又陆续发现了其他类型的脑电波形，并发现人们在思考、休息、睡眠、激动等不同的生理状态下，脑电会显示不同的图形。[1]

下面是人的不同脑电波及对应的状态特点：

• α波：快波，8～13次/秒，人处于清醒状态，闭目，无思维及信息加工活动时，大脑出现这种波。

• β波：快波，14～30次/秒，人在接受外界信息刺激（听、看）或进行思维时出现，此波代表大脑皮层处于兴奋状态，存在信息处理与加工过程。

• δ波：慢波，4～7次/秒，人在困倦时出现。

• θ波：慢波，1～3.5次/秒，成人在睡眠、深度麻醉、缺氧、大脑出现器质性病变的情况下出现这种波。

借助脑电波，科学家们发现了睡眠与梦境的关系。从脑电活动看，人在睡眠状态下，大脑仍交替出现清醒和睡眠状态。

人的睡眠过程大致是这样的：当人闭目、放松、渐渐进入睡眠状态后，脑电波由β波、α波到δ波和θ波，此时人进入沉睡状态，由于θ波是慢波，此阶段又称作慢波睡眠或同相睡眠阶段。在慢波睡眠阶段，人一般无梦，个别人即使有梦，梦的色彩、情景也比较单调。

---

[1] 百拇医药网：http://www.100md.com/html/200901/2675/7322.htm。

当慢波睡眠一段时间之后，有趣的现象发生了：人虽然还处于睡眠状态，但人的脑电波却从 θ 波回到了 β 波状态并会持续一段时间，提示大脑有信息加工活动，处于活跃状态。此时人的眼球会出现快速颤动现象，这段睡眠被称作快波睡眠阶段，又叫快速眼动睡眠或异相睡眠阶段。在快波睡眠阶段，被试被唤醒后都会述说"正在做梦"。

人在一个晚上的睡眠过程中，会交替出现慢波睡眠与快波睡眠状态，其中会出现 3～4 次快波睡眠阶段。第一次快波睡眠阶段的梦大多是关于白天的事情，第二次多半是回忆往事、童年等，第三次是近期的事与远期的事交织在一起，有时会有一些"荒诞不经"的情境出现。

通过脑电活动和睡眠的时相研究发现：人的睡眠并不是之前巴甫洛夫所认为的那样只是纯粹消极的休息或抑制过程。人在睡眠状态下大脑有信息加工活动，睡眠的意义不仅是让大脑皮层休息，而且也是对存贮的信息进行加工处理。由于梦中有清晰可辨的形象出现，因此梦的本质是一种不受意识约束的不随意想象，或者说梦是不随意想象的极端情形。

从梦的产生机理来看，梦境中能产生解决问题的创造性线索也就不足为奇了。在意识清醒的情况下，人的思维受逻辑和定势的影响，不容易跳出既往思维惯性的框框。在睡梦中，大脑信息加工摆脱了清醒状态下的逻辑约束和定势影响，很可能会在无意识中产生一些在清醒状态下不会出现、"不敢"出现的想法。这就是梦境产生创造性想法的机理。

3. 梦与创新：如何对待梦

明白了梦的机理、梦境与创新想法的关系，接下来很自然的问题就是：关于梦，我们该"怎么做"？

在梦境与创新的问题上，既要反对神秘主义，也要反对虚无主义。

首先，人不可能有意识地去做梦、控制梦，因而也不能消极地等待、奢望和依赖做梦去完成创新。

其次，在创新任务背景下，也要留意梦、分析梦。梦的痕迹很浅，容易遗忘，起床前先在心里默默复述几遍，加深记忆；起床后立即用笔记下来。有些梦境对于解决问题来说并不明朗，需要细细品味和分析其背后的象征意义或隐喻意义。

第三，无论创新任务有多重、多难，在积极思考、饱和思考的前提下也要给"做梦"留出时间，让大脑有时间对白天获得的信息进行"后台加工整理"。所谓日有所思夜有所梦，虽然人不能控制做梦的时间和内容，但可以为梦中灵感的出现创造必要的条件，这个条件就是保证睡眠。长期的睡眠不足，不仅影响人的身体健康，还有可能影响人的智力发展和创新能力。

第四节 理论对创造的影响

人与动物的区别在于动物只能被动地适应自然，而人则能够达到对本质规律的认识，并借助这种认识产生有目的、有预见的行动。理论就是人对本质规律认识的结果，也是指导认识进一步发展的重要影响因素。

爱因斯坦有句名言："是理论决定我们能够观察到的东西。只有理论，即只有关于自然规律的知识，才能使我们从感觉印象推论出基本现象。"[1]

正确理解和重视理论的作用、影响，有利于促进创新。

一、理论决定着观察和实验的设计

在认识世界的过程中，对同一个对象，因为研究的角度和方法不同，得出的认识也会不同。

在物理学史上，有一对父子因为从不同的理论认识出发，用不同的实验设计验证了电子的不同特性，而先后荣获诺贝尔物理学奖，他们就是汤姆逊父子。

J·J·汤姆逊认为电子是一种粒子。他循此设计实验，让电子通过电场，通过电子的偏转方向判定了电子是带负电，又用巧妙的方法测定了电子的质荷比，从而证明了电子的粒子性。他因此获得了1906年诺贝尔物理学奖。

G·P·汤姆逊则认为电子是一种波。1927年，他和另外一位物理学家里德（A.Reid）首次观察到电子束在真空中通过金属箔时产生的圆环条纹，发现了电子的干涉现象，证实了电子的波动特性，为德布罗意物质波理论提供了坚实的

---

[1] A·爱因斯坦著，范岱年、赵中立、许良英译：《爱因斯坦文集》（第二卷），商务印书馆，1977年版，第211页。

实验证据。另一位物理学家戴维逊也因独立做出了同样的发现，他们共同分享了1937年的诺贝尔物理学奖。

理论思考决定观察和实验设计，从而决定最终所观察到的现象，在这个意义上，爱因斯坦是对的：理论决定了我们能观察到什么。

近代物理学的奠基人，量子论的创立者普朗克也认为："理论和实验是相互联系，缺一不可的。没有实验的理论是空洞的理论，没有理论的实验是盲目的实验。因此，需要同样迫切地对两者——理论与实验——给予应有的重视。"[1]

二、理论影响着对问题的理解

在19世纪英国的一所大学里，一位名不见经传的哲学老师正在讲授宗教哲学，不知是因为哲学理论晦涩难懂，还是老师讲得太过乏味，教室里最后只剩下了两个学生。多年之后，这两个学生中有一个人获得了诺贝尔物理学奖，这个人就是保罗·狄拉克。

狄拉克在用相对论和量子力学理论研究电子时，起初只注意描述电子自旋的三个 σ 量，但电子的相对论的理论却需要四个平方项之和的方根，他回忆道："仔细考虑这个困境，花了我相当多的时间，后来，我忽然意识到没有必要死守着这些 σ 量不放，它们可以用两行两列矩阵来表示，为什么我不来个四行四列呢？数学上那是毫无疑义的。用四行四列矩阵来代替 σ 矩阵就能很容易地得到四个平方项之和的方根……"[2] 狄拉克解方程的结果是得出了电子的四个态，而实际观察到的电子只有两个自旋态，多余的是两个负能态。

如何理解和解释电子的"负能态"？已知电子是带负电荷的，负电子的负能态意味着正能态。这与已知的科学事实不相符合。有人认为这只是解方根方程得到的数学解，没有物理意义。但狄拉克认为，"上帝"（科学家信奉的上帝往往是"斯宾诺莎的上帝"，即自然）创造的世界是完美的，对称的破缺意味着不完美，有负电子就应该有正电子。于是他大胆地预言了正电子的存在。从他的方程式可以看出，电子不仅应具有正能态，而且也应具有负能态。他认为这些

---

[1] 弗里德里希·赫尔内克著，徐新民、严光禹、郑慕琦译：《原子时代的先驱者》，科学技术文献出版社，1981年版，第215页。

[2] ［英］P·A·M·狄拉克，曹南燕译：《回忆激动人心的年代》，《科学与哲学》，1981年第6—7期。

负能态通常被占满,偶尔有一个态空出来,形成"空穴",他写道:"如果存在空穴,则将是一种新的,对实验物理学来说还是未知的粒子,其质量与电子相同,电荷也与电子相等,但符号不同。我们可以称之为反电子。"他还预言:"可以假定,质子也会有它自己的负态。……其中未占满的状态表现为一个反质子。"[1]

1932年8月2日,安德森在用威尔逊云雾室得到的照片中发现一条奇特的径迹,这条径迹和负电子有同样的偏转度,却偏转的方向相反。从曲率判断,又不可能是质子。于是他果断地得出结论,这是带正电的电子。安德森因为第一个通过实验发现了正电子而荣获了1936年的诺贝尔物理学奖。[2] 关于反质子的预言,1945年也由西格雷(Emilio Segrè)所证实。

狄拉克在回顾自己的获奖成果时曾感言,他的成就与其说是科学研究的结果,不如说是哲学思维使然,早年大学里的哲学课,给了他一种信念,这种信念就是:世界是完美的。对宗教哲学的作用评判,宗教信仰者与无神论者可能会泾渭分明,但哲学以及其他人类思维的文明成果会成为一种信念的力量,给研究者以心理上的支持,尽管这种理论在另外一些人看来可能未必正确,但即使是循着一种错误的思路有时也能得出意外的另类正确结果,所谓歪打正着,在科学史上也不乏其例。第一种化学合成染料"苯胺紫"的发现亦属此类事例。

三、理论的错误和缺陷也是科学技术进步的机会

理论的作用不仅在于正确的理论可以指导科学发现,即使是错误的或有缺陷的理论,也可以为科学发展提供思考和质疑的机会,从而推动科技进步。

古希腊学者亚里士多德根据生活经验认为"重物比轻物落地快",两千年来一直为人们所深信不疑。文艺复兴时期的科学家伽利略首先运用思维的力量从逻辑上推出了这一论述的悖论。他的推理简洁明了:如果一轻一重的两个物体被捆绑在一起,那么下落速度是比原来重的那个物体快还是慢?结论一是更快,因为两个物体的重量比原先的重物更重;结论二是更慢,因为轻的物体下落慢,会拖累整体的下落速度。由同一个前提可以推出两个互相矛盾的结果,

---

[1]《发现正电子》,中国科学院网站:http://www.cas.cn/kxcb/kpwz/201107/t20110707_3302789.shtml。
[2] C. D. 安德森、宋玉升、郑锡琏、惠和兴、赵同水译:《正电子的产生及其性质》,《诺贝尔奖获得者演讲集·物理学(第二卷)》,科学出版社,1984年版,第315~325页。

说明这个前提本身有问题,因为这两个互相矛盾的结论不能同时成立。

伽利略进而假定,物体下降速度与它的重量无关。如果两个物体受到的空气阻力相同,或将空气阻力略去不计,那么,两个重量不同的物体将以同样的速度下落。

为了证明这一观点,1589年的一天,25岁的伽利略登上比萨斜塔,将两个重量差别很大的铁球同时抛下。在众目睽睽之下,两个铁球几乎以相同的速度落到地上。这就是科学界著名的"比萨斜塔实验"。后来伽利略又将落体实验转化成斜面实验,从而精确地测量了路程和时间的关系,用事实推翻了亚里士多德的错误论断。这就是被伽利略所证明的,现在已为人们所认识的自由落体定律。

可以说,正确理论的推动与错误理论的撬动,共同促进着科学的进步。

恩格斯说:"一个民族想要站在科学的最高峰,就一刻也不能没有理论思维。"[1]

思维的深度和高度,决定着一个人、一个民族、一个国家能走多远,能达到怎样的高度。科学也是如此。

---

[1] 恩格斯:《自然辩证法》,人民出版社,1971年版,第29页。

四
创造的情感过程

- 情绪状态对创造活动的影响
- 高级社会情感形式在创造活动中的作用

人的创造过程不仅是一个认识过程,而且也有相伴而生的情感过程。

情感是人在评价自身需求满足情况时相伴而生的一种主观体验。

按情感的表现特点和发展水平可以将情感分为情绪、感情和情操。

按情感发生的强度、持续性,可以把情感分为激情、热情和心境。

人还有高级社会情感形式,包括道德感、理智感、美感。

耗散结构理论的创始人,1977年诺贝尔化学奖获得者伊·普里戈金对此深有感触:"我们在有关科学和自然的概念上的转变,很难和另一个情节分开,这就是科学所带来的感情。伴随着每个新的智能计划,总会出现新的希望、恐惧和期待。"[1]

在创造活动过程中,人的情感过程有什么特点?有哪些情感现象?情感对创造活动存在怎样的影响?这是本章所讨论的内容。

第一节　情绪状态对创造活动的影响

情绪是"具有情境性和激动性特点的情感表现形式"。任何情绪都包含有三种构成成分:主观体验、生理唤起和表情行为。[2]

情绪的生理唤起和表情行为使得情绪具有情境性、短暂性和激动性的特点。情绪总是与特定的情境相联系,也会随着情境的改变而减弱或消失。因此,改变情境,是改变情绪的一种方法。由于具体情境是容易改变的,因此情绪也往往具有短暂性的特点。此外,由于情绪有生理唤起和表情行为,因此情绪也常表现出激动性的特点,使得情绪较为容易被观察和识别。

在创造性活动中,创造性焦虑、激情、热情与心境都是常见的情绪状态。

一、创造性焦虑

焦虑是人在面对困难和危险等应激情境时所产生的一种情绪紧张状态。在

---

[1] [比]伊·普里戈金、伊·斯唐热著,曾庆宏、沈小峰译:《从混沌到有序》,上海译文出版社,1987年版,第34页。

[2] 《心理学百科全书》编辑委员会:《心理学百科全书》,浙江教育出版社,1995年版,第256页。

应激情境下，唤起和保持适度的焦虑具有积极的意义，它可以充分调动机体的能量，提高人的警觉性和反应速度。

人在面对认知难题且有较强的求解动机时，也会有紧张、焦虑的情绪体验。这种与创造活动相伴而生，并随着创造活动得出了预定的结果而消失的焦虑，就是创造性焦虑。创造性焦虑是在创造过程中，由"对成功的企盼"和"对失败的担心"交织而成的一种情绪紧张状态。

一般的焦虑只是由于预料、担心某种不良后果或模糊性威胁的出现而引发的，本质上是出于对失败或不良后果的担心。创造性焦虑除了对失败的担心之外，还掺杂了对成功的急切向往。创造性焦虑属于一种情境性的焦虑，因情境而发生，具有暂时性，且与问题难度、解题时间上的持久性成正相关，一旦问题得到解决，这种焦虑也就自然消失。因此，创造性焦虑有别于作为一种人格特质的特质焦虑及病理性焦虑。

适度的创造性焦虑对创造性活动具有促进作用，可以激发动机、让头脑变得敏捷、维持较高水平的活动性，并提高活动的效率。但怎样才算"适度"？如何定义和测量？这是创造心理学进一步发展可以研究和解决的问题。

二、激情

激情是一种短暂、强烈、爆发式的情绪状态，包括大喜、大恸、大怒。人在应激时常会伴生这种情绪状态。

普希金说过，愤怒出诗人。因为诗人需要激情，愤怒可以让人的胸臆喷涌而出。但迄今为止，尚未见过愤怒出科学家，因为科学研究通常需要冷静和长期的思考。但愤怒却可能激发创造的强烈动机。

1884年的一天，欧洲一家公司的业务员沃特曼在交易会上好不容易说动了一位客户，达成了一笔交易的意向。就在他递上墨水和一支当时人们使用的羽毛笔准备签合同时，却不料羽毛笔尖滴下几滴墨水，把合同纸弄脏了。就在沃特曼去寻找新的合同纸的空当儿，另一家公司的业务员乘虚而入，抢走了那笔生意。沃特曼为此大为恼火，他把失败的原因全部归咎于那支该死的羽毛笔！盛怒下，他决心研制出一种能够控制墨水，不再"下蛋"、使用方便的自来水笔。经过潜心研究和反复实验，沃特曼终于设计并制造出第一支自来水笔，自来水笔可谓"盛怒之后的发明"。不过，在这个发明过程中，愤怒也只是起到了激发发明动机、激励并维持创造活动进行的作用。盛怒之后的研制过程，还是心平气和的。[1]

应当说，出于愤怒做出创造发明的事例较为罕见，但罕见不等于可以忽视。这样说并不是鼓励人们通过发怒去寻找创造的灵感，而是提醒人们，幸运之神有时也会以愤怒的方式来敲你的门，不要让自己错过了这种特殊形式的机会。

关于激情与创造，2011年诺贝尔物理学奖获得者萨尔·波尔马特在回顾自己获奖过程时说道："如果你认为一个研究项目让你很兴奋，你就坚持做下去。事实证明你花费的时间和精力都是值得的。"他回忆说，"我们刚开始进行这个研究时处境很困难，面对很多批评和质疑。那时我很年轻，还比较冒傻气，但我对研究充满激情，我要去尝试"。[2]

由此可见，激情是战胜困难的一种强大的心理动力。

三、热情

热情是一种积极、强烈、持久的情绪状态。热情是创造活动得以维持的重要动力。爱因斯坦认为，兴趣和爱好是最好的老师。

兴趣是人对一定对象的认识倾向，使得人对相关对象予以优先的注意。爱好则是在兴趣基础之上形成的行为倾向，也可以认为是兴趣的效能性表现。人在从事自己感兴趣或爱好的活动时，都会伴有积极的情感体验。因此，培养和保持相关的兴趣，是保持创造活动热情的有效举措之一。

科学史上的那些大师们，终生对科学都抱有一种高度的热情。

因发明凝胶电泳和基因剔除技术而荣获2007年诺贝尔医学或生理学奖的美国遗传学家奥利弗·史密斯（Oliver Smithies），做出获奖的成果时已60高龄。同事们回忆说，他对科研始终抱有极大的热情，获奖后也并未因功成名就而在科研上有所懈怠。70多岁的时候，他仍然坚持每天很早就来到实验室，精力旺盛地投入生命科学的研究，一周七天，从不间断。史密斯于1998年当选为英国皇家学会的外籍会员，此外还曾经担任多家科学协会的主席。他80高龄时，仍

---

[1]《盛怒之后的发明》，《大千世界》，1989年第18期。

[2] 刘丹：《专访2011物理学诺贝尔奖获得者波尔马特：让你兴奋的事情值得花时间去做》，中国新闻网，2011年10月5日。

然在自己喜爱的生命科学领域孜孜以求，以期揭开更多生命的奥秘。[1]

热情是大师们毕生从事创新活动的不竭动力。这种热情是那样的单纯，只与不懈追求创新成果的过程相伴，除此之外，没有任何世俗与功利的考量。

2010年9月17日，美国著名免疫和遗传学家布鲁斯·巴特勒（1957—）在中国厦门大学漳州校区的"科学与人生——知名教授进校区"系列讲座上，给学生提出三条建议，其中第一条就是要热爱你所做的事情，热情非常重要，不要向钱看，少一些功利心；第二条，一定要尽早发现自己的兴趣所在；第三则是一定要努力学习、工作。[2]

2011年，布鲁斯·巴特勒教授因为在免疫研究方面的成就而荣获了诺贝尔医学或生理学奖。

当2010年诺贝尔化学奖得主铃木章教授被问到："在研究过程中感到枯燥和想放弃的时候，是如何激励自己坚持下去最终成功获得诺贝尔奖的？"他回答说："研究过程是非常辛苦的，自己并不是为了得到诺贝尔奖而去进行学习研究；当你热爱且觉得某项研究是非常有趣的，那么即使你失败了，也还是会有充分的热情和动力去继续前进。希望以后进入理科领域从事研究工作的同学，以饱满的热情去喜欢、欣赏、热爱所研究的内容，想必就可能在科学领域取得发展和成绩。"铃木章教授还说，"不管在座的学生将来会从事哪一方面的工作和研究，希望大家能够多看书、多学习，对知识始终保有热情"。[3]

四、心境

心境亦即人们通常所说的"心情"。心境是一种微弱、弥散、持久的情绪状态。心境有时微弱到当事人甚至没有意识到自己这种情绪状态的存在。心境一旦形成，会在一段时间内持续、稳定地影响人的活动，使人的活动打上同一种情绪色彩或烙印。日常生活中人们不乏这样的体验：心情好的时候看什么都顺眼，而心情不好时则看什么都烦。这就是心境的弥散性特点。

激情与热情可以影响人的心境。激情过后，人的情绪状态会转成一种心境。

---

[1] 百度词条：奥利弗·史密斯。
[2]《厦大兼职教授布鲁斯·巴特勒分享诺贝尔医学奖》，厦门网 2011年10月8日。
[3]《2010年诺贝尔化学奖得主——铃木章（Akira Suzuki）》，人民网。

而热情则有助于人在长久时间内保持一种积极、愉快的心境。

创造活动,特别是需要较长时间潜心研究的科学问题,需要研究者保持持续的注意和冷静的思考,即使是因愤怒或激情而引发了研究动机,在随后的研究中也需要保持平静和冷静的状态。因此,平和、恬静的心境是创造活动所需要的心理条件。

生理心理的研究也表明,人在积极、愉快的情绪状态下,人脑血清素的含量水平较高,此时人的情绪稳定、思维活跃,从而有利于科学创新。

创造过程中的情绪变化,可以用如下的框图来简要地描述:

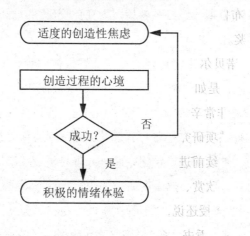

第二节　高级社会情感形式在创造活动中的作用

高级社会情感形式是人所特有的,包括理智感、道德感和美感。它们也都是与创造过程相伴而生的主观体验,这些体验对创造活动有着一定的影响。

一、理智感与创造活动

理智感是人在创造活动中与认知过程相伴而生的一种情感体验。

理智感的表现形式包括多种多样,如面对未知事物时的好奇感,发现问题时的兴奋感,对解决问题的自信感,探索问题过程中的焦虑—纠结感,遇到难题时的迷茫感、无助感,问题久无出路时的痛苦感,把握问题关键时的确信感,解决问题后的轻松感、愉悦感甚至狂喜感等等。传说阿基米德洗浴时突然领悟了黄金掺假问题后，兴奋得从浴池中一跃而出，光着身子狂呼"尤里卡！"这些都是理智感的表现。

理智感对创造活动具有动机作用，能够激励和维持创造活动的进行。

爱因斯坦是这样论及理智感的："有许多人所以爱好科学，是因为科学给他们以超乎常人的智力上的快感，科学是他们自己的特殊娱乐，他们在这种娱乐中寻求生动活泼的经验和雄心壮志的满足。"[1]

在爱因斯坦看来，秩序、可知、简单、和谐、合理、统一、确定、唯一这些范畴，既是科学所要达到的境界或结果，也是科学家在研究过程中所要追求的体验。他认为："相信世界在本质上是有秩序的和可认识的这一信念，是一切科学工作的基础。""任何科学工作，除完全不需要理性干预的工作以外，都是从世界的合理性和可知性这种坚定的信念出发的。"[2]"在我们所有的努力中，在每一次新的观念之间的戏剧性斗争中，我们坚定了永恒的求知欲望，和对于我们的世界和谐性的始终不渝的信念，而当在求知上所遭遇的困难愈多，这种欲望与信念也愈增强。"[3]

著名物理学家玻恩在回忆录中写道："我一开始就觉得搞研究工作是很大的乐事，直到今天，仍旧是一种享受。这种乐趣就在于洞察自然界的奥秘，发现创造的秘诀，并且为这个混乱世界的某一部分带来某种情理和秩序。它是一种哲学上的乐事。"[4]

科学创造活动与理智感是互相渗透、互相影响、互相促进的。

二、道德感与创造活动

道德感是人们根据一定的道德准则评价自己或他人行为时所产生的一种内心体验，亦称道德情感、道德体验。

在创造过程中，人们的道德评价内容包括创造行为、创造过程、创造结果、

---

[1] 赵中立、许良英编译：《纪念爱因斯坦译文集》，上海科学技术出版社，1979年版，第40页。
[2] A·爱因斯坦著，范岱年、赵中立、许良英译：《爱因斯坦文集》（第二卷），商务印书馆，1977年版，第284页。
[3] A·爱因斯坦、L·英费尔德著，周肇威译：《物理学的进化》，上海科学技术出版社，1962年版，第216～217页。
[4] 解恩泽、赵树智主编：《潜科学学》，浙江教育出版社，1987年版，第174页。

创造结果的应用等各个方面与环节。

当评价结果符合人们预期的道德准则时，就会产生肯定性的情感体验，如高兴、愉快、赞赏、欣慰、荣誉等，反之则会产生否定性的情感体验，如羞愧、内疚、反感、厌恶、憎恨、气愤等等。

道德感对创造活动存在影响。

1. 道德感影响或决定创造行为的方向

道德感直接影响人的态度，并通过态度影响人的行为方向，即参与或不参与某项活动，产生或不产生某种行为。

在第二次世界大战期间，以爱因斯坦为代表的一些科学家为了防止纳粹德国首先研制出原子弹，向当时的美国总统罗斯福积极建议发展核武器。奥本海默、费米等科学家积极投入到了研制原子弹的工作中。在做这些事时，科学家们有一种拯救人类免于战火之灾、置法西斯于绝地的责任感和使命感。

2. 道德感影响或决定创造活动的方式、速度及结果

当行为方向不能由人自行选择或决定时，道德感的作用便表现为影响人的行为方式，如积极或消极，主动或被动，从而影响到创造过程的速度与结果。

最早发现核裂变现象的德国科学家始终没有研制出原子弹，这其中的原因主要有三个：一是希特勒的愚昧无知，不相信、不理解也不支持原子弹的研究。二是地下抵抗组织和盟军的特种部队及时炸毁了挪威秘密工厂贮存有重水的装置，使得德国的核计划因为缺乏相关材料而搁浅。三是德国一些富有正义感的科学家们对纳粹的核研究采取了一种消极拖延的态度。

3. 道德感影响或决定创造结果的后续应用

科学技术与发明创造并不只是单纯的智力活动，它们还是一种社会活动，需要社会条件，存在社会评价和社会责任。道德感就是社会责任感的一种表现。

众所周知，克隆羊成功之后，从理论上说，克隆人已经没有太大的技术障碍，但许多国家都明确反对克隆人，其中主要的原因之一就是道德伦理问题。

转基因技术成功地应用于一些农作物之后，道德伦理与社会责任方面的争论始终就没有停止过。当转基因农产品的长期影响作用不明时，人们对其持有一种谨慎的态度是完全可以理解的。

原子弹被用于实战之后,其巨大的杀伤力让人谈"核"色变。一些当初积极主张研究原子弹的科学家如奥本海默等人也开始转变到反战、反核的立场上来。战后,反对核竞赛、防止核扩散亦成为主流国际社会的共识。那些在核问题上一意孤行、逆历史潮流而动的人和国家必然在道义上成为孤家寡人。

三、美感与创造活动

首先要明确的是,"美感"是"美的情感"而不是"美的感觉"。美感属于情感而不是感觉的范畴。美感是审美主体(人)以一定的审美标准对审美对象进行评价时所产生的一种情感体验。当审美对象符合人的审美标准时,人会产生积极的情感体验,如欣赏、愉悦、喜欢、爱慕等等;反之,如果审美对象不符合人的审美标准,审美主体则产生消极的情感体验,如反感、厌恶等等。

一般而言,科学探索的是"真",道德伦理倡导的是"善",而艺术追求的是"美"。但真、善、美之间存在着一定的联系。科学创新不仅关联到善(道德感),而且关联到美。

量子力学创立者之一,德国著名物理学家海森堡认为:"科学和艺术的两种过程,并非迥然不同。"[1]

关于真和美的关系,科学家们似乎分成了两派。

爱因斯坦认为,真是美的充分条件。美的理论不一定真,真的科学理论却一定是美的;韦尔、海森堡、狄拉克、彭加勒等人却相反,认为美是真的充分条件,真是美的必要条件,美的科学理论一定是真的,真的科学理论不一定是美的。[2]

其实,无论孰是孰非,真和美是有联系的,对此科学家们倒是不存异议。

关于科学美的范畴,科学家们也都有自己的见解。

牛顿认为科学美的本质是"简单"。他在《自然哲学的数学原理》中写道:"自然界不作无用之事,只要少做一点就成了,多做了却是无用;因为自然界喜欢简单化,而不爱用什么多余的原因以夸耀自己。"[3]

---

[1] [德] W·海森堡著,范岱年译:《物理学和哲学》,商务印书馆,1984年版,第64页。
[2] 徐纪敏著:《科学美学思想史》,湖南人民出版社,1987年版,第592～593页。
[3] [美] H·S·塞耶编,上海外国自然科学哲学著作编译组译:《牛顿自然哲学著作选》,上海人民出版社,1974年版,第3页。

物理学家L·英费尔德认为，爱因斯坦关于科学美的信念是："有可能将自然规律归结为一些简单的原理；评判一个理论是不是美，标准正是原理上的简单性，而不是技术上的困难性。"[1]

日本物理学家、诺贝尔奖获得者汤川秀澍是这样评价爱因斯坦的："他追求自然界中尚未发现的一种新的美和简单性。抽象总是一种简单化的手段，而在某些情况下，一种新的美则表现为简单化的结果。爱因斯坦和少数理论物理学家才有的一种审美感，……而审美感似乎在抽象的符号中间给予物理学家以指导。"[2]

彭加勒(1854—1912)认为美源自和谐："世界的普遍和谐是众美之源。"[3]

爱因斯坦推崇简单和对称。"他有一种追求简单性的显著倾向。……1905年关于相对论的论文(《论动体的电动力学》)中，他不是一开始就提出反对古典物理学的实验论据，而是有点奇怪地先提到麦克斯韦电动力学的不对称性问题。……在他看来，麦克斯韦的理论没有进行适当的预言，它没有作理论的美学的研究。在这一点以及在他一生的其他方面，爱因斯坦都努力追求物理学中的简单和对称，反对随心所欲。这种强烈的意图是一个重要的因素，推动他重新建立我们关于物理世界的概念。"[4]

爱因斯坦不仅重视科学研究是否为"真"，也特别重视研究过程与研究结果是否为"美"。他论及实验物理学家迈克耳逊时是这样评价的："我总认为迈克耳逊是科学中的艺术家，他的最大乐趣似乎来自实验本身的优美和所使用方法的精湛。他从来不认为自己在科学上是个严格的'专家'，事实上确也不是——但始终是个艺术家。"[5]

对于美的东西，爱因斯坦从不吝啬赞美之辞。1953年，他在洛伦兹诞生100周年的纪念会上说："这位卓越人物讲出来的，总是像优等的艺术作品一样的明晰和美丽，而表现得那么流畅和平易，那是我从别的任何人那里都从未感

---

[1] 赵中立、许良英编译：《纪念爱因斯坦译文集》，上海科学技术出版社，1979年版，第216页。
[2] 樊莘森等编：《美学教程》，中国社会科学出版社，1987年版，第446页。
[3] [美]D·N·柏金斯著，蒋斌、梁彪译：《创造是心智的最佳活动》，广东人民出版社，1988年版，第155～156页。
[4] [美]哈里特·朱克曼著，周叶谦、冯世则译：《科学界的精英：美国的诺贝尔奖金获得者》，商务印书馆，1979年版，第179页。
[5] A·爱因斯坦著，许良英、范岱年译：《爱因斯坦文集》(第一卷)，商务印书馆，1976年版，第561页。

受过的。"[1]

爱因斯坦甚至认为，如果有两种可供选择的方案，一种是更美的，一种似乎是更合理的，他宁可选择前者。因为在他看来，应该把"外在的事实说明"和"内在的完美"作为选择物理理论的要求。因此，他的研究方法被认为是"在本质上，是美学的，直觉的"，"我的科学成就，有很多是从音乐启发而来的"。[2] 他认为，科学理论的美学要求或标准就是：简单性、统一性、唯一性。[3]

在创造过程中，伴随主体创造活动而生的美感有多种不同的表现形式。以自然科学基础理论研究为例，简洁、对称、和谐、统一等等都是"科学美"最基本的形式范畴，也是科学美的审美标准。

很多科学家在论及科学上的杰出成果时也都谈到了美的感受。

1926年4月初，普朗克第一次看到薛定谔的波动力学论文时，在给薛定谔的回信中激动地写道："我正在像一个好奇的儿童听解他久久苦思的谜语那样，聚精会神地拜读您的论文，并为在我眼前展现的美而感到高兴。"[4]

爱因斯坦是这样评价普朗克的学术成果的："当你手中拿着这些书时所感受到的那种愉快，大多是由普朗克的一切论文所具有的那种纯真的艺术风格所引起的。在研究他的著作时，一般都会产生这样一种印象，觉得艺术性的要求是他创作的主要动机之一。无怪乎有人说，普朗克在中学毕业以后，对于他究竟是要献身于数学和物理学的研究呢，还是要献身于音乐，曾经表示犹豫。"[5]

法国物理学家，提出物质波理论的德布罗意是这样评价广义相对论的："提出一种万有引力现象的解释……这种解释的雅致和美丽是无可争辩的。它该作为20世纪数学物理学的一个最优美的纪念碑而永垂不朽。"[6]

概括地说，美感在科学创造活动中的作用主要表现在以下一些方面。

---

[1] A·爱因斯坦著，许良英、范岱年译：《爱因斯坦文集》（第一卷），商务印书馆，1976年版，第577页。
[2] 樊莘森等编：《美学教程》，中国社会科学出版社，1987年版，第470～471页。
[3] 同[1]，第284页。
[4] 弗里德里希·赫尔内克著，徐新民、贡光禹、郑慕琦译：《原子时代的先驱者》，科学技术文献出版社，1981年版，第281页。
[5] 同[1]，第73页。
[6] 赵中立、许良英编：《纪念爱因斯坦译文集》，上海科学技术出版社，1979年版，第256页。

1. 培养审美能力，提高主体的创造力

许多著名的科学家对艺术都有着浓厚的兴趣和爱好，这也许不是偶然的。

普朗克能弹一手好钢琴，他中学毕业时的理想曾经是当一个钢琴家，但钢琴老师认为他缺乏天分，因而拒绝了他。幸亏这次拒绝，这个世界少了一个平庸的钢琴家，多了一个杰出的物理学家。[1]

爱因斯坦的小提琴拉得颇具专业水准。

玻尔研究所那批创立量子力学的年轻科学家们在讨论抽象、枯燥的物理问题遇到阻碍时，常会以分派角色、排演莎士比亚戏剧的方式来放松一下心情。

著名物理学家波尔茨曼在维也纳时，每周都在自己家里举行室内音乐晚会，并亲自演奏钢琴。他非常欣赏贝多芬的乐曲和席勒的诗歌。他曾这样说起诗人席勒对他的影响："我成为今天这样的人应该归功于席勒；如果没有他，可能也会有一个胡须和鼻子与我全然一般的人，但这个人不是今天的我。"[2]

对艺术的爱好可以陶冶人的情操，提高人的审美能力。对科学家来说，这种爱好还具有更深一层的意义，即在艺术鉴赏中形成的审美能力和审美意识可以潜移默化地影响到他的科学创造过程，影响到他的创造力。

经典物理学家麦克斯韦要求青年自然科学家们研究美学，他根据自己的经验认为这样有助于"深入理解自然科学问题"。

因预言 π 介子而荣获诺贝尔物理学奖的日本著名物理学家汤川秀澍明确说道："审美感似乎在抽象的符号中间给予物理学家以指导。"[3]

居里夫人喜欢一切创造性的工作。她懂得沙萨·毕达埃福的艺术，并且欣赏舞蹈家卢瓦埃·福雷的跳舞艺术。[4]

2. 以美启真，由求美而达真

对美的追求可以成为创造的一种动机或动力。在科学史上，有些科学家把对美的追求作为自己从事科学活动的内驱力。对美的追求在他们那里甚至已经

---

[1] H·坎格里，庞卓恒译：《普朗克》，《科学与哲学》，1980 年第 1—2 期。
[2] [苏] 戈林著，朱行素译：《著名物理学家略传》，安徽科学技术出版社，1984 年版，第 92 页。
[3] 樊莘森等编：《美学教程》，中国社会科学出版社，1987 年版，第 446 页。
[4] R·W·阿德伊比尔，亚萍译：《玛丽·居里》，《科学与哲学》，1980 年，第 1—2 期。

由一般的兴趣和情感升华为一种信念。

在真与美的关系问题上，德国物理学家韦尔（1885—1956）明确地说明了自己的原则："我的工作总是力图把真和美统一起来。但当我必须在两者中挑选一个时，我总是选择美。"他在回忆自己的科学工作时承认，他自己的引力规范理论在刚建立时并不是"真"的，只是因为这个理论很美，才使他不愿放弃它。可是多年以后，规范不变形式被引进量子电动力学时，他的这个引力规范理论就变得正确了。他在中微子两分量相对论波动方程的研究中，由于他列出的方程破坏了宇称守恒定律，而受到物理学界的冷遇。当他在"美"与"真"之间进行选择时，他又一次选择了"美"。当杨振宁、李政道推翻了宇称守恒定律以后，韦尔的美感直觉又变得正确了。[1]

爱因斯坦毕生对宇宙的和谐统一抱有强烈的情感，他晚年矢志研究（万有引力、电磁、强、弱）四种相互作用，力图创立统一场论。他说："如果不相信我们世界的内在和谐性，那就不会有任何科学。这种信念是，并且永远是一切科学创造的根本动机。"[2]

法国哲学家、数学家彭加勒更是认为："科学家研究自然，并非因为它有用处；他研究它，是因为他喜欢它，他之所以喜欢它，是因为它是美的。如果自然不美，它就不值得了解；……当然，我在这里所说的美，不是给我们感官以印象的美，也不是质地美和表观美。……我的意思是说那种比较深奥的美，这种美在于各部分的和谐秩序，并且纯粹的理智能够把握它。……理性美可以充分达到其自身，科学家之所以投身于长期而艰巨的劳动，也许为此缘故甚于为人类未来的福利。

"因此，正是对这种特殊美，即对宇宙和谐的意义的追求，才使我们选择那些最合适于为这种和谐起一份作用的事实，正如艺术家在他的模特儿的特征中选择那些能使图画完美并赋予它以个性和生气的事实。我们无需担心，这种本能的和未公开承认的偏见将使科学家偏离对真的追求。

"正因为简单是美的，正因为壮观是美的，所以我们宁可追求简单的事实、

---

[1] 徐纪敏著：《科学美学思想史》，湖南人民出版社，1987年版，第592～593页。
[2] A·爱因斯坦、L·英费尔德著，周肇威译：《物理学的进化》，上海科学技术出版社，1962年版，第217页。

壮观的事实；我们乐于追寻星球的壮观路线；我们乐于用显微镜观察极其微小的东西，这也是一种壮观；……

"……但是为真理本身的美而忘我追求真理也是合情合理的，这种追求能使人变得更完善。"[1]

对这种唯美主义的动机论，也许不能完全苟同。但由于崇尚美、追求美到做出科学理论上的贡献，确实也是某些科学家所实际走过的道路。

在科学创造活动中，保罗·狄拉克的信念是："使一个方程具有美感比使它去符合实验更重要。"[2] 狄拉克因为提出了以他名字命名的狄拉克方程而获得1933年诺贝尔物理奖，该方程从理论上预言了正电子的存在。他说："我发现自己同薛定谔意见相投要比同其他任何人更容易得多。我相信其原因就在于我和薛定谔都极其欣赏数学美，这种对数学美的欣赏曾支配着我们的全部工作。这是我们的一种信条，相信描述自然界基本规律的方程都必定有显著的数学美。这对我们像是一种宗教。奉行这种宗教是很有益的，可以把它看成是我们获得了许多成功的基础。"[3]

3. 以美示真，以求美而促真

在许多情况下，创造过程不是一蹴而就的。科学理论的发展也总是由不完善到完善。为了使理论阐述更为和谐、完善而去做进一步的研究，从而导致科学理论的重大发展，在科学史上亦不乏先例。

本书第三章提到，普朗克对描述辐射现象要用到两个不同的公式感到颇不和谐，遂用了六年时间终于找到了描述辐射现象的统一公式，并提出了量子论思想。他在追求和谐、统一之美的过程中推动了经典物理学向近代物理学的转变。

耗散结构理论的提出也是科学家们追求"和谐美"的结果。

比利时科学家伊·普里戈金（又译普利高津）早年是学历史的，对时间概念印象深刻，后来转向自然科学。他发现经典力学（如自由落体公式）中的时

---

[1]〔法〕彭加勒著，李醒民译：《科学的价值》，光明日报出版社，1988年版，第357页。
[2]杨振宁：《美和理论物理学》，《自然辩证法通讯》，1988年第1期，第5页。
[3]〔英〕P·A·M·狄拉克，曹南燕译：《回忆激动人心的年代》，《科学与哲学》，1981年第6—7期。

间可以被当作标量来处理，系统的任一时刻都可以回溯或预测，他认为这与现实世界的真实情形是不相符合的，现实世界中时间是一维矢量，对于复杂系统，人们既无法从现状回溯其过去某一时点的状态，也难以准确预测未来某一时点的情形。他还注意到以往的科学向人们描述了两幅演化方向截然相反的图景，一幅是以进化论为代表的进化图景，一幅是以热力学第二定律为代表的退化图景。宇宙中既有进化的情形，又有退化的情形，那么如何用一种理论或方法来描述真实的世界？特别是对复杂系统的演化进行描述和预测？他对这一矛盾统一问题深入思考和研究，提出了耗散结构理论，其基本思想可以表述为：一个远离平衡态的开放系统，通过与外界进行物质和能量的交换，在系统随机涨落的作用下，会在未来的某个时刻形成新的有序结构，即耗散结构。他以耗散结构的理论和方法研究化学中的结构问题，并因此荣获了1977年的诺贝尔化学奖。

在回顾自己的这一科学历程时，伊·普里戈金说："我们有一种巨大的求知上的激动之感，即我们已开始看到了从存在通向演化的路。因为我们当中的一个人已把他大部分的科学生命都贡献给了这一问题，他也许有理由表达他的满意的心情，那是一种美的感受，是他希望能使读者分享的。"[1]

4. 以美传真，由接受美而接受真

审美求的是美，科学创造求的是真。"美"不是"真"的标准，但却是影响人们接受真的标准之一。

一种创新的科学理论或发明、发现，无论怎样不合乎传统观念和习惯，或迟或早总会为人们所接受。但是，早接受和晚接受，对科学和社会发展来说，意义是完全不同的。

在科学史上，有段胡克与牛顿争夺万有引力定律发现者荣誉的"公案"。胡克的研究方法是下到英国矿井的不同深度，测定引力值，再用数据归纳的方法，发现了引力与质量、距离之间存在关系，并用自然语言描述这种现象。而牛顿则用了一个简洁明了的万有引力定律公式表达了万有引力与质量、距离之间的关系。其实，科学发展到一定阶段，问题已经摆到了人们的面前，思考和研究

---

[1]［比］伊·普里戈金、伊·斯唐热著，曾庆宏、沈小峰译：《从混沌到有序》，上海译文出版社，1987年版，第28页。

这些问题的人可能不止一个,某些规律被谁发现的确有一定的偶然性,但被发现却有着历史的必然性,至多只是一个时间的问题。现有的科学史料表明,胡克和牛顿都是那个时代在思考引力问题的人,二人都循着自己的方法发现了万有引力的规律,但牛顿的成果由于使用了科学——数学的语言,更具简洁、清晰之美,于是万有引力定律发现者的桂冠就落到了牛顿的头上。

量子力学理论被科学界认同和接受也经历了类似的过程。

量子力学最初的理论表达方式有两种:海森堡的矩阵力学和薛定谔的波动力学。海森堡所使用的数学工具是矩阵,这种工具是经典物理学家们所不熟悉的,因而他的理论在提出之初少有人问津;而薛定谔所用的工具则是经典物理学家们所熟悉的波动方程,因此波动力学一经提出,便引起了科学界的众多关注。后来,擅长数学的狄拉克证明了二者的等价性,量子力学理论才为科学界所欣然接受。

能给人带来审美愉悦感的创造结果(尤其是对抽象的科学理论来说),更容易使人理解、接受和信服。这也是为什么科学家们在可能的情况下,总是要尽力赋予自己的理论以简洁、和谐、统一等美的内容和形式。

美的内容和形式无论是在创造成果的社会承认方面,还是在创造过程的促进方面,都有着独特的力量。[1]

---

[1] 阎力:《科学美的认识论意义》,《科学技术与辩证法》,1992年第4期。

五

意志与创造

- 创造是一种艰苦的心智活动
- 创造过程中的外来压力
- 顺境与逆境

意志是人自觉地行动、克服困难去实现预定目标的心理过程。

表现人的意志过程的行动即为意志行动。意志行动有三个特征：目的性、自觉性、与克服困难相联系。三者缺一不可。

创造活动是一种意志行动。有些创造活动虽然看似在"不经意间"完成的，甚至是意外导致的，但在问题解决之前，必定有过预先的注意或思考，甚至有过较长时间的酝酿和探索。

人的意志品质通常在两种情况下明显表现出来：一是在突发意外紧急情况或巨大压力之下，是张皇失措、呆若木鸡，还是镇定自若、临危不乱。二是在长期单调、乏味的活动中能否持之以恒地坚守。人的良好意志品质可以用坚强、坚韧、顽强来形容。

在创造活动中，人要应对各种压力，这既是对意志品质的考验，也是磨炼意志的机会。人在创造活动中，既要面对长期单调、乏味的坚守，也要面对巨大的社会—心理压力，这些压力既可能来自科学界内部理性的质疑，也可能来自传统习惯势力的非理性、非学术性的诘难。科学工作者有时甚至需要面对严峻，甚至是恶劣的社会大环境和组织小环境，不仅需要克服来自外部的阻力，更要战胜自己内心可能会有的痛苦、愤懑、懦弱、倦怠等不良情绪或心境。科学和创造不是一个平坦的大道，而是如同攀登神秘、险峻、峥嵘的山峰，当你费尽周折终于登上眼前的一座山峰时，却发现还有更多、更高、更险、更为神秘的山峦矗立在前方，你没有退路，只有奋力向前，竭尽全力……

第一节 创造是一种艰苦的心智活动

创造是由已知探索未知，很多时候，面对未知和未来，研究的方向未定、路径未知、过程难测、结果难定。创新是一种艰苦的心智活动，这种艰苦往往通过以下几个方面表现出来。

1. 创造需要长期默默的奋斗和坚守

这是创造在时间上对人的意志品质的考验。

众所周知的治疗昏睡病的一种药物之所以被命名为606，就是因为经历了

606次实验才获得成功。居里夫人以羸弱之躯用手工方式搅动处理了数以吨计的沥青铀矿才得到了仅仅数克的镭盐。科学家为了从动物的脑组织中提取生长激素，处理了三百多万只羊头。

因超导研究获得1972年诺贝尔物理学奖的巴丁、库珀和施莱弗，在研究过程中需要测定两个电子的10^{23}对位置的波函数。施莱弗用统计方法得出了超导体能量最低状态的波函数。即使在研究方向明确后，为了建立超导的微观CBS理论，仅仅是最后一个阶段的研究也让三位研究者足足连续苦干了几十天。[1]

2010年诺贝尔化学奖得主、美国普渡大学的根岸英一教授在东京的一次演讲中回顾导师对自己的影响时说，赫伯特·布朗教授（1979年诺贝尔化学奖获得者）对学生十分严格，他要求学生即使实验失败多次，也要继续下去。"实验越多，困惑就越多，但这往往能激发我们发现更多的问题。而往往在越前沿的科学领域，失败是一种常态，学会接受失败，从失败中获取经验才是正确的。"

2015年中国首位获得诺贝尔医学或生理学奖的科学家屠呦呦，从1969年接受寻找抗疟疾药物的任务开始，先后收集了2000余个方药，编写了以640种药物为主的《抗疟单验方集》，对其中的200多种中药进行了实验研究，历经了380多次失败，1971年发现中药青蒿乙醚提取物对疟原虫有100%的抑制率，1972年分离得到抗疟原虫有效单体，仅提取青蒿素晶体的实验就进行了170多次。[2]

2. 创造可能需要面对生活的挫折和艰辛

科学家们也是人，也需要面对生活的磨难和艰辛。但科学大家们即使在生活困境中也没有放弃过他们的科研工作。

中国数学家陈景润在"文革"那段特殊的日子里，蜷缩在仅6平方米的宿舍中仍然坚持着数论研究。

居里夫人早年在法国留学时的生活极为艰苦，冬天为了抵御寒冷，甚至把椅子压在被子上。她在回顾这段生活时写道："我在巴黎举目无亲，自感是在大城市中被遗忘的人。"但这丝毫没有动摇她对学习和研究的专注与执著。"这种

---

[1] 杨仲明著：《创造心理学入门》，湖北人民出版社，1988年版，第247～248页。
[2]《中国科学家梦圆诺贝尔奖》，英国广播公司网站2015年10月5日。

诸多困难的生活对我来说曾充满了诱惑力。它给了我以自由和独立之感。""我那自行其是和生活无援的境况,未曾使我苦恼过。如果说我有时也感觉到孤单的话,那么我通常仍然是平静的和满怀着内心的喜悦的。我把我的全部精力都集中在学习上了。"[1]

居里夫人后来的生活状况虽然好转,但丈夫在车祸中意外去世又给她造成了沉重的精神打击。据朋友们回忆,1906年4月彼埃尔去世以后,居里夫人简直变成了另一个人,失去了快乐和热情,即使在朋友面前,整天也是冷冰冰的。她唯一的想法就是:继续抚养她的女儿,甚至于每天给她们洗澡,从不把这些事情托付给其他的人;继续实验室的工作,似乎彼埃尔仍然在那里。她接过了彼埃尔在1904年所开设的物理讲座,从丈夫上一次讲过的地方开始了她的讲演。[2]

居里夫人给自己立下的实验规矩是:力求测量结果极为精确、严格;获得的样品要纯粹或者具有最高的浓度,即使要去处理大量的原料,也在所不惜;只有在完全没有例外的条件下,才能推出一般的定律。她后来回忆道:"我从半吨氧化铀矿石残渣中,富集了提纯的两公斤氯化钡,进行分步结晶,得到镭。"众所周知,为了提取镭的化合物,她是凭借一个女性的羸弱之躯,用棍子不停地在一口大锅中搅动处理了数吨铀矿渣。[3]

物理学家L·英费尔德回忆起爱因斯坦妻子去世时的情形:"他的妻子病了。……虽然想尽了办法,但她的生命已经没有希望。在这种死亡逼近的气氛中,爱因斯坦沉着镇定,不停地工作。在他的妻子去世以后,没过几天,我就听说,他每天早晨又到办公室去了。我到办公室去看他。他显得很憔悴,脸色更黄了。我紧紧握住他的手,说不出一句安慰的话来。我们开始讨论工作中遇到的严重困难,似乎什么也没有发生过。爱因斯坦紧张地工作,在妻子病重的时候是那样,在妻子去世以后也是那样。只要生命的火花还在发光、跳动,就没有力量能把爱因斯坦从工作中拉开。"[4]

---

[1] 弗里德里希·赫尔内克著,徐新民、贡光禹、郑慕琦译:《原子时代的先驱者》,科学技术文献出版社,1981年版,第88页。

[2] R·W·阿德伊比尔、亚萍译:《玛丽·居里》,《科学与哲学》,1980年,第1-2期。

[3] 同上。

[4] 赵中立、许良英编译:《纪念爱因斯坦译文集》,上海科学技术出版社,1979年版,第222页。

3. 创造需要面对自己内心的煎熬和困顿

创造是一种过程和结果都不确定的活动。创造者内心可能会有的纠结是：我的努力有希望吗？这个事情最终是有解的吗？还需要坚持多久？是否会有别人抢在我的前面，让自己所做的一切都成为"无用功"？也许并不是每个人都会这样想。但创造就像是童话中的红舞鞋，人一旦穿上了它，无论思维还是行为就得不停地"跳"下去。

创造者是走在时代前面的人，因而注定是孤独的。长期的内心煎熬也可能会压垮一些人的神经。著名经典物理学家波尔茨曼曾经这样描述自己的心境：

我的看法是如果气体的理论由于暂时对它的敌视态度被人们短时间地忘却了，科学将出现很大的灾难，这与波动理论受牛顿的权威影响的例子一样。

我意识到，仅仅一个人孤军奋战不足以抗击时代的潮流。但是我仍然尽我的力量在这方面做出贡献，当气体理论再一次复兴时，将不会有太多的东西得要去重新发现。"[1]

遗憾的是，波尔茨曼最终自杀了，从有关史料描述的情形来看，很像是抑郁症。他的理论长期得不到同行们的理解，其工作甚至多次被当时的科学团体所摈弃，这些情况至少也是使他绝望，最终走向绝路的重要原因之一。这是科学史上的一个悲剧性的事件，因为就在他死后不久，科学家们根据布朗运动实验，用他提出的分子运动的动力统计理论最后证实了原子的存在。波尔茨曼没有看到自己理论被科学界接受的这一天。

4. 创造需要有牺牲精神

科学家献身科学是一种自然而普遍的现象，这种献身甚至包括真正意义上的生命牺牲。

美国动物学家卡尔·施密特博士，一天下班后独自留在实验室观察一条剧毒的南美洲毒蛇，不幸被蛇咬了一口。他急忙把蛇放回笼子，然后从伤口处往外挤血，可是已经迟了，他很快就开始感到头晕、恶心。他想打电话到医护站，偏偏电话又坏了。这位六十七岁的科学家自知死亡即将来临，便平静地坐下来

---

[1] S·G·布鲁士，陈慧余译：《波尔茨曼》，《科学与哲学》，1981年第1–2期。

记录自己临死前的感觉和症状:"……体温很快升到 39.5℃,燥热、耳鸣、眼皮痛、胃剧痛。四小时了,我的伤口、鼻、嘴开始出血。看不见体温表了,情况非常严重。现在疼痛感消失了,软弱无力,我感到开始脑充血了……"他在死亡前为后人留下了一篇非常宝贵的资料。[1]

中国病毒学、免疫学的奠基人汤飞凡在 1955 年发现了沙眼的病原体,这是一项有可能问鼎诺贝尔奖的成果。为了研究沙眼的感染和治疗,他甚至在 1957 年的除夕冒着失明的危险在自己的一只眼睛中植入了沙眼病毒,造成了典型的沙眼。为了观察全部病程,他坚持了 40 多天才接受治疗,无可置疑地证明了沙眼病毒的致病性。正当他打算对沙眼病毒进行深入系统研究的当口,当时的国家卫生部门要求他把研究重点转移到麻疹和脊髓灰质炎的预防问题上来,因为这两种疾病都是当时对儿童危害甚大的疾病。当时的社会现状使得科研计划不能以科学家个人的意愿为转移,而是要服从国家卫生防疫事业的需要,放弃个人的名利,为大众服务。汤飞凡欣然接受了新的任务,很快也分离出了麻疹病毒和脊髓灰质炎病毒,制备出了麻疹活疫苗,并开始在北京的幼儿园内试用。

如果命运能再给汤飞凡几年时间,中国肯定会提前消灭麻疹和脊髓灰质炎,其他一些传染病也能提前得到控制。只可惜,不堪忍受无端迫害的一代英才于 1958 年 9 月 30 日自尽。直到 20 多年后的 1979 年 6 月,卫生部才为汤飞凡举行了追悼会,给予了他高度评价。[2]

创造是一种艰苦的心智活动,个中滋味,非亲身经历者甚至难以想象。人们往往只看到成功者的辉煌,却不知成功者背后的艰辛。因此,对于欲踏上创造之旅的人来说,最好在心里问自己一句:"你真的准备好了吗?"

第二节 创造过程中的外来压力

创造中的外来压力来自科学界内外两个方面。来自科学界外部的压力更多地属于社会环境的范畴,其极端情形就是逆境。这种情形我们将在下一节中讨

---

[1] 施密特:《自写死亡记录》,《大千世界》,1987 年第 9 期。
[2] 廉海东:《第一个发现沙眼病毒的人——汤飞凡》,《光明日报》,1999 年 8 月 23 日。

论。来自科学界内部的压力又可分为理性与非理性两个方面。

一、来自理性方面的挑战

任何新的理论、方法、发明一开始可能都是不完备的，会有这样那样的问题和不足，甚至是严重的缺陷。无论发现这些问题、不足和缺陷的是创造者本人还是同行，这样的质疑对创造者无疑都是一种压力，但这种压力是一种来自理性的挑战，本质上是一种推动创新乃至推动人类文明进步的不可或缺的力量，也是创造所必然要面对的过程。无论是初出茅庐的新手，还是科学界的大师，都需要面对理性的挑战，概莫能外。

丹麦著名物理学家、诺贝尔奖获得者N·玻尔在1927年夏天，一直在考虑"并协性"或"互补性"等新概念。他通常是一有了新的想法，就立即着手写下来，或是口述每一个经过仔细斟酌的句子。在这过程中，新的想法和怀疑可能随时出现，其结果往往是他在第一天写好的东西，在第二天又被自己所摈弃。对他来说，一个手稿就是某种有待修改的东西，每一个草稿都只不过是对科学真理的一个近似，在没有对自己的思想给出他认为是最清楚和最确切的表述之前，他不愿意轻易地将其公之于众。1927年8月底，他在给另一位科学家的信中不无忧虑地说："我担心我对此想得太多了，以致有时我害怕所有这一切是太平凡了。然而我感到，它正在我心中逐步成长，我希望去科摩（Como）能对我的观点给出一个相当清楚的说明。"[1]

理性的挑战可能是直接的，比如直面创造的矛盾和不足；也可能是间接的，比如同行之间的隔空竞争。无论哪种情形，都需要创造者理性地对待。创造者不必焦虑，更不必惶恐，只需要持欢迎的态度，勇敢地面对、认真地思考和执著地研究。

德国物理学家海森堡在1926~1927年第二次访问哥本哈根时，同玻尔就解释量子现象屡次展开争论。他在回忆中谈及："我回想起同玻尔发生的多次争论，这些争论经常持续到深更半夜，并几乎是在满怀绝望中结束的。在争论之后，如果我独自到邻近的公园去散散步，那么在我脑海里就会不断浮现出这样

---

[1] P·罗伯森著，杨福家、卓益忠、曾谨言译：《玻尔研究所的早年岁月：1921—1930》，科学出版社，1985年版，第121页。

一个问题:大自然是否真的像我们在原子实验中所感到的那样荒谬绝伦。"[1]

玻尔在研究原子稳定状态量子条件的过程中,充分地考虑了各种可能性,并反复进行计算。纵然如此,对理论完备性的追求还是让他困苦不已。1916年9月,他在给英国著名物理学家卢瑟福的信中说:"干了整整一个夏天,这烦人的问题还看不到底。"玻尔设想在圆形轨道的同一区域,可能存在椭圆形的第二稳定轨道;但是这种想法刚刚取得一些进展,索米菲已经发表了自己的工作。索米菲推广了玻尔的量子条件,并引入相对论效应而部分地解释了光谱的精细结构问题。玻尔只好撤回了自己正在付印的文章,并以科学家的坦荡胸怀赞扬索米菲的论文是自己见过的最好文章。当玻尔稍事休整,沿着把量子条件普遍化这一方向继续进军时,却又再一次地被艾伦菲斯特抢了先。[2]

1963年,一位德国物理学家在《自然杂志》上一篇论及玻尔的文章中写道:"玻尔的著作在发表后的最初几年,在德国不太著名。人们对他的文章只是很快地浏览一遍。在那个时候,物理学家们对在当时的学术水平上建立原子模型的尝试,普遍持有公开的怀疑态度。因此,很少有人愿意花力气去认真阅读玻尔的著作。特别应当指出的是,古斯塔夫·赫兹和我本人最初也未能理解玻尔工作的巨大意义。"

"半个世纪后,原子的电子系统量子离散状态概论,可能成为某种为人们所理解的东西。似乎是,如果玻尔不创立这种思想,那么也会有别人很快得出这个结论的。这种看法是根本错误的。这个思想得到各大物理学家承认的缓慢过程表明,在本质上需要多么大的勇气、独创和毅力。"[3]

创造的过程就是这样:来自理性方面的挑战越多、越大,客观上也越有利于创造的进步和完善。但同时,创造者个人所要承受的压力也随之增大。一种创造成果要得到科学界的最终承认,即使抛开非理性的因素不谈,有时也要求创造者在冷寂和压力中坚持很久。

---

[1] 弗里德里希·赫尔内克著,徐新民、贡光禹、郑慕琦译:《原子时代的先驱者》,科学技术文献出版社,1981年版,第254页。

[2] 岩群:《N·玻尔和哥本哈根精神》,《自然辩证法通讯》,1981年第4期。

[3] 弗里德里希·赫尔内克著,徐新民、贡光禹、郑慕琦译:《原子时代的先驱者》,科学技术文献出版社,1981年版,第249页。

二、来自非理性的反对

纵观科学技术发展的历史,对新理论、新思想、新观念,还有另一种非理性的反对,而且这种反对往往是先于理性的反对之前出现。因为理性的质疑需要经过缜密的思考,而非理性的反对几乎是出自一种防卫的本能,不需要思考就可即时启动。

从进化心理学的角度来看,动物出于对自己生存安全问题的谨慎,对新的事物往往会抱有一种本能的疑虑感,在新环境新事物面前缺乏安全感。

新事物是人们所不熟悉的,新东西可能会要求人们对自己有所改变,甚至对资源与机会进行重新分配,这一切都会给人带来不安全感。人在自己熟悉的环境条件下生活已经成为习惯,除非不得已,一般人轻易不愿"冒险"去改变。新事物不符合人们的习惯,甚至仅仅是某种创新的尝试就会让一些人缺乏确定感和安全感,这一切都很容易使人们出于"本能"去拒绝它。如果这种新事物让人感到有一种威胁感,无论这种威胁是物质利益方面的还是精神方面的,也无论是现实的还是潜在的,真实的还是"可能的",那么它都会遭到人们的质疑和反对。这类事例在科学史上并不是个案。

匈牙利数学家法·鲍耶听说自己的儿子亚·鲍耶醉心于欧式几何第五公设的试证,便马上写信告诫他:"希望你不要再作克服平行线理论的尝试了。你会花掉所有的时间而终生不能证明这个问题……它会剥夺你一切余暇、健康、休息和所有的幸福。这个地狱般的黑暗将吞噬成千个像牛顿那样的巨人……"好在亚·鲍耶不为所动,最终在试证中创立了非欧几何学。[1]

分子生物学的发展也经历了类似的情形。1951 年,美国遗传学家巴巴拉·麦克林托克在美国冷泉港召开的一次生物学专题讨论会上发表了关于"转座子"的新理论。这一理论不仅解释了整个机体如何从单个细胞发育起来,而且解释了如何产生新种的问题,甚至能够解释有些细胞(如癌细胞)为什么会疯长的原因。但这一理论与原有的染色体遗传理论相矛盾,因而遭到了人们的冷遇和排斥。在当时的报告现场,就有人说她是"怪人,百分之百的疯子"。她的论文被收入冷泉港论文集后,生物学界也一直不承认这一理论。1961 年,她

---

[1] 梁宗巨:《世界数学史简编》,辽宁人民出版社,1981 年版,第 233～234 页。

再次提出自己的理论，仍无人问津。差不多在她提出这一理论的十年之后，有人发现了细菌中的"转座因子"，人们才开始注意她的理论。70年代，分子遗传学找到了越来越多的可移动的遗传因子，"转座子"的理论进一步得到验证，这时相信的人才逐渐多了起来。80年代生物学家们又重聚冷泉港召开了专题讨论会，会上专家们一致赞同她30年前提出的理论。1983年，麦克林托克荣获诺贝尔医学或生理学奖。[1]

一代科学巨匠爱因斯坦对物理学最大的贡献是相对论理论。但他1921年获诺贝尔物理学奖却是因为光电效应的研究成果，评审委员会并未将诺贝尔物理学奖颁给他的相对论理论。在他的有生之年，甚至没有一个国际性重要会议是专为"相对论"召开的。

以色列科学家谢赫特曼发现"准晶体"的过程也遭到了传统势力的强力反对。

20世纪80年代初以前，科学界对固态物质的认识仅限于晶体与非晶体。晶体内原子呈周期性对称有序排列，非晶体内原子呈无序排列。1982年4月8日，谢赫特曼在铝锰合金冷冻固化实验中首次观察到合金中的原子以一种非周期性的有序排列方式组合，其结构特点介于晶体与非晶体之间，他将其称之为"准晶体"。但根据之前的理论，具有这种原子排列方式的固体是不可能存在的。

"当我告诉人们，我发现了准晶体的时候，所有人都取笑我。"谢赫特曼回忆说。当时，41岁的谢赫特曼正在美国霍普金斯大学从事研究工作。因为他的发现挑战了人们关于晶体和非晶体的"常识"，他被斥之为"胡言乱语"、"伪科学家"。这种否定、质疑和嘲笑甚至来自主流科学界和权威人物。

当时，谢赫特曼花了好几个月的时间，试图说服他的同事们相信和接受准晶体存在的事实，但一切都是徒劳，没人认同他的观点。不仅如此，他还被要求离开他所在的研究小组。无奈之下，谢赫特曼只好返回了以色列。他关于"准晶体"的论文也被专业期刊拒绝发表。在谢赫特曼的不懈努力和朋友的帮助下，他的论文直到两年后才得以发表。论文发表后，立即在化学界引发轩然大波。一些化学界权威站出来，公开质疑谢赫特曼的发现，其中包括著名化学家、两届诺奖得主鲍林。谢赫特曼后来回忆说："他（鲍林）公开说．达尼埃尔·谢

---

[1] 解恩泽、赵树智编：《潜科学学》，浙江教育出版社，1987年版，第97页。

赫特曼是在胡言乱语，没有什么准晶体，只有'准科学家'。"

2011年，谢赫特曼因为发现准晶体而荣获诺贝尔化学奖。近30年后，他的成果才得到了科学界的权威承认。[1]

在创新问题上，非理性的反对力量之强大，有时甚至到了冥顽不化的地步，以至于德国物理学家普朗克对这种现象无奈地说出这样一番话："一个新的科学真理取得胜利并不是通过让它的反对者们信服并看到真理的光明，而是通过这些反对者们最终死去，熟悉它的新一代成长起来。"这段话被后人戏称为"普朗克原理"。换句话说，一种新理论被普遍接受，不是因为反对它的人声称自己弄懂了，放弃了反对，而是因为这些人都死了。而新成长起来的一代人从一开始就熟悉并接受了新的理论。[2]

面对各种非理性的诘难，能够气定心闲，如待蛛丝般轻轻拂过，也不失为科学家们良好意志品质的表现。

第三节　顺境与逆境

所谓顺境和逆境，都是指创造者从事创新或创造活动时所处的具体外部环境。

创造活动都是在一定的社会环境中进行的。社会环境是一个很大的概念，可以泛指创造者个人主观条件之外的一切外部条件之总和。比如，社会文化与社会意识形态，社会风气与社会制度，社会管理水平与人际关系等等，都可以归入社会环境的范畴。具体讨论这些内容，是本书第九、十章的内容。

本节所要讨论的是对创造者个人活动有直接关系和影响的外部环境：顺境与逆境。

1. 顺境

顺境是指创造所需要的主要外部条件皆已具备的情境状态。

在顺境中，创造者不需要为创造所需的外部环境条件去烦心分神。因为一

---

[1] 百千：《2011年诺贝尔化学奖得主曾因挑战"常识"被斥伪科学家》，《新京报》，2011年10月6日。
[2] 百度百科：普朗克常数。

切（至少是主要）创新条件皆已具备。创造者只需把全部精力或主要精力放在创造上即可。

但顺境对创造也可能有不利的一面。"趋利避害"是动物的本能，人也不例外。顺境容易使人安于现状、得过且过、不思进取，从而使有利的客观环境归于无用或无形。沉浸在顺境中的人也可能容易懈怠或是分心。

人在顺境中要保持创新的动机也是需要付出意志努力的。顺境中同样需要克服各种困难，需要克服自身的懈怠。

2. 逆境

逆境是人在创造活动过程中遭遇的一种极为不利的外部环境，这种环境不仅包括物理的，也包括社会的和心理的。

在逆境中，从事创造研究所需要的物质条件、社会条件甚至是研究者的生存条件都可能受到限制和挑战。毫无疑问，逆境是对人最不利的客观条件。

人在逆境中创新，需要克服比顺境中大得多的困难，付出比顺境中更多、更大的努力。逆境对人的最大考验不仅是外部的不良环境，而且还有来自自身情绪、心境的压力。在逆境中，人只有先克服了自己在认知、情感、意志品质、人格等方面遭遇的心理困难，才有可能去克服来自外部的困难。

逆境也是对人意志品质的最大考验和磨炼。人类历史上有许多关于"逆境出人才"的事例，这些事例之所以感人，概因逆境成功者顽强的毅力、坚强的意志让人印象深刻。

在21世纪的科技史上，最奇葩的逆境创新案例当属日本一家公司的技术员中村修二发明蓝光二极管的故事。

20世纪90年代之前，人们已经发明了红光与绿光二极管。但要获得可用于照明的白色二极管，还需要制作出高效率的蓝光二极管。

中村修二是日本一家生产和销售电子器件的小公司"日亚"的技术员。当他决定研发高亮度蓝光二极管时，公司不仅不支持，还认为他是"吃白饭的"。他后来回忆说，"上司每次见到我都会说，你怎么还没有辞职？把我气得发抖。"

由于得不到公司的支持，他只能一个人在公司的地下室里默默地探索。

1988年，中村决定到美国学习制造发光二极管所需要的结晶生长技术。此前中村从没发表过论文，他到美国后也不被同行们所认同，没人愿意与他交流，对他的提问也爱理不理，甚至连开会都不通知他。用他的话说，那段日子是"没有一点儿好的回忆"。

在美国被冷落了一年后，他回到日本。公司新任社长明令他停止研究发光二极管，改做电子元件。种种的压制和不公都没能磨灭他研发蓝光二极管的决心，他仍在公司里进行"地下工作"。

中村选择的发光材料是氮化镓，当时科学界并不看好这种材料，大多数研究者选择的是氧化锌和硒化锌，中村觉得"做少有人做的题目才有发展机会"。

经过不懈的努力，他在关键技术上取得了突破，在国外发表了论文，并引起了欧美同行的关注，但他在国内的境遇却丝毫没有改变。日本习惯以公司或大学的名气来评判论文的价值，因而中村的研究当时在日本"根本得不到承认"。

就是在这样种种不利的环境条件下，1993年11月30日，中村终于成功地做出了高亮度的蓝光二极管。但成功带给中村的不是荣耀，而是更多的烦恼。原本一直不支持、打压中村的公司，却立即以公司的名义申请了专利，并开始用中村的技术大量生产销售蓝光二极管，一跃成为全球最大的LED公司。而日亚给中村修二的全部奖励只是区区两万日元（约合人民币1141元）。

与日本形成鲜明对比的是，美国多家大学闻讯立即前来邀约中村加盟。斯坦福大学和惠普公司甚至派出了专机来接中村。美国加州大学圣塔芭芭拉分校华裔校长杨祖佑在回顾这场国际人才争夺战时说："当我们飞到日本时，发现中村修二在地下室做实验，职位只是一个技术员，我知道这就是我们的机会。"加州大学圣塔芭芭拉分校不仅向他许以教职，而且专门为他配置了研究团队，并让研究人员先期到日本工作一年，学习日语，以便更好地与他合作。尊重人才，不仅仅是给他优厚的物质待遇、研究条件和名誉，而且是充分尊重他所熟悉的文化。

中村修二最终接受了加州大学圣塔芭芭拉分校的教授职位，并向工作了20年的日亚公司提出辞职，但公司却要求他签署"保证3年内不再从事蓝光二极管的基础技术研究"。遭到拒绝后，这家公司扣发了中村的所有退职金。中村在这种情况下还是离职了，但日亚公司仍不甘休。他们派人追到美国，仍然要求中村签署上述合同。再次遭到拒绝后，日亚以泄露企业秘密为由，将中村告上了法庭。中村忍无可忍，于2004年向东京地方法院提起诉讼，状告日亚，要求其支付发明补偿金,结果中村胜诉。法院最初判决日亚支付给中村 200 亿日元（约合人民币 11.4 亿元）的补偿金,但最终却只支付了 8.4 亿日元（约合人民币 4793 万元）。

2014 年,诺贝尔物理学奖颁给了中村修二。与他分享这一奖项的还有同样在蓝光二极管研究中独立做出贡献的日本名古屋大学的一对师生赤崎勇、天野浩。

在回顾自己的获奖历程时,中村坦言:"愤怒是我全部的动因,如果没有憋着一肚子气,就不会成功。"提及自己在日本的科研环境,这位诺贝尔获奖者仍然耿耿于怀:"每个人都有机会做美国梦,如果你努力工作,每个人都有机会!但在日本就不是这样!""直到今天,日本公司仍然不愿承担风险进行研发,也不愿为员工的智力成果提供补偿。""在日亚工作时,买支铅笔也要上司签字!""在日本公司发明东西只能拿奖金,但在美国可以马上创业,差别非常大。"[1]

放在创造心理学的背景下来考察,中村的故事也许就不仅仅是"激情—愤怒"那么简单。科研人员、公司、高校、法院、社会组织乃至国家,都是否从中领悟到什么?

一部科技史乃至人类文明史都表明,科技与社会进步不是没有代价的。首先可能需要付出代价的就是研究者本人,这种代价小则是一时的挫折和压制,大则甚至付出青春和生命,伽利略因为发现太阳上面有黑子,证明"上帝"创造的世界并非完美而被判终身监禁,布鲁诺更是因为坚持地心说而被宗教法庭烧死在罗马的鲜花广场。只有那些具有超强意志品质的人,才能在压力和挫折面前坚持科学的真理。

无论逆境还是顺境,创造过程需要的都是人的理智、冷静,都需要创造者的顽强坚守和不懈努力。

---

[1] 陈墨:《中村修二:没憋这一肚子气就没这诺贝尔奖》,《中国青年报》,2014 年 10 月 15 日。

六

创造过程中的直觉、灵感和顿悟

- 直觉
- 灵感
- 顿悟
- 直觉、灵感与顿悟的区别与联系

谈及创造过程，时常会听到一些与心理现象有关的名词，如直觉、灵感、顿悟。但人们对这些现象和名词的理解却各不相同，这些概念甚至都缺乏明确的定义。以阿基米德解决皇冠掺假的经典故事为例，有人说是灵感，有人说是顿悟，也可能有人说是直觉。这种简单枚举式的概念说明而不是严谨的定义，除了引起无谓的争论之外，对促进思维和创造心理学的发展而言恐怕于事无补。

为了厘清概念，本章对直觉、灵感、顿悟这三种创造过程中的重要现象进行一些讨论。

第一节 直觉

一、直觉的概念

直觉（intuition）现象在现实中是屡见不鲜的，但是在心理学界，对于直觉过程的描述却五花八门。仅仅是对于直觉的本质，就有"判断说"、"能力说"、"知识说"、"过程—结论说"和"思维说"。

D·赫布（1946）秉持"判断说"，他认为直觉是指判断者遵循自己都没有意识到的前提或步骤而进行的判断，特别是那些他所不能诉诸语言的判断。

L·布锡莱特（1948）认为直觉是在不知所以然的情况下作出正确猜测的能力。

M·韦斯科特（1968）则认为直觉是一种过程。他认为在一般的问题解决情境中，直觉是根据很少的信息得出结论的过程，而这种结论通常需要更多的信息才能得出。

中国一些著名心理学者认为，直觉是"不经过复杂的逻辑思维过程而直接迅速地认知事物的思维。同一般的思维活动不同，是对事物的直接察觉而不是间接认识。"以对艺术的鉴赏为例，人们对美的直觉与知觉有直接联系。"但知觉并不一定是直觉的必要条件，直觉也可在记忆表象和内部言语的基础上产生。"[1]

---

[1] 林崇德、杨治良、黄希庭主编:《心理学大辞典》，上海教育出版社，2003年版，第1687页。

综合学者们已有的研究结果，本书对直觉给出以下定义：直觉是人在面对问题时，当下直接产生判断、得出结果的一种能力。

当人面对问题时，往往会产生一种"下意识的感觉"，觉得事情应该是……。这种当下、直接判断的现象，就是直觉能力的表现。

从表现上看，直觉与知觉都是对事物的"当下、直接"反映，但二者有着本质上的不同。知觉是人对认识对象多种属性的一种当下、直接、整体的反映，而直觉则可以是对问题本质的一种判断或直接把握，表现为一种思维的结果。知觉不是直觉的必要条件，直觉可以在记忆表象和非逻辑性思维的基础上产生。

"洞察力"是直觉的高水平表现。高创造力个体往往能够瞬间把握事物的本质，其过人之处不在于直觉，而在于直觉的准确性和深刻性，这就是所谓的"洞察力"。

在解决问题的过程中，直觉具有与逻辑思维、发散思维不同的特点。在这个意义上，也可以说直觉既是一种直接判断的能力，也是一种思维的方式。

二、直觉的特点

综合学者们关于直觉的描述，可以得出以下一些共同性的东西：

（1）直觉不严格遵循逻辑规则；

（2）它需要一些信息来驱动；

（3）它需要以过去经验为基础；

（4）它所依据的信息和经验过程往往是很难说清的，带有一定的无意识性；

（5）正因为以上几个原因，直觉产生的速度较快，同时又带有一定的精确性。

这几个特点使直觉完全有可能成为逻辑思维的先导，或至少是逻辑思维的必要补充。因此，许多心理学家认为，思维（通常称之为逻辑思维或分析性思维）与直觉过程是交织在一起的，不能独立存在。[1]

简言之，直觉具有以下一些特点：

（1）启动的自发性和优先性。面对问题，直觉是不假思索、直接启动的，

---

[1]《心理学百科全书》编辑委员会：《心理学百科全书》中卷，浙江教育出版社，1995年版，第927～928页。

其发生要优先于其他心理过程。

（2）过程的跳跃性或非逻辑性。直觉是从前提直接跳到结论，即从所面对的问题直接得出判断和结论，其过程是自动完成的，没有明晰可辨的分析推理过程。直觉者本人对结论也是知其然却说不出其所以然。正是直觉的这一特点使其有别于逻辑思维。

（3）结论的或然性。直觉只是人在面对问题时的一种当下、直接的判断，至于这种判断或结论是否正确，是否能够解决问题，直觉本身是不能够保证的，需要做进一步的探索和研究。

三、直觉在创造中的作用

一些著名科学家曾论及直觉在创造中的作用。

爱因斯坦承认，"我相信直觉和灵感"，并认为在科学研究中"真正可贵的因素是直觉"。[1]

法国数学家、物理学家和哲学家彭加勒认为，"逻辑是证明的工具，直觉是发现的工具"，"逻辑可以告诉我们走这条路或那条路保证不遇见任何障碍；但是它不能告诉我们哪一条道路能引导我们到达目的地。为此，必须从远处了望目标，教导我们了望的本领是直觉。没有直觉，数学家便会像这样一个作家：他只是按语法写诗，但是却毫无思想。"[2]

德国著名物理学家海森堡回顾自己的创造活动过程时这样说："我不需要从研究细节开始，我一开始就留心……下意识的感觉。这种感觉通常告诉我正确的途径。"[3] 海森堡的学生布洛赫也认为："海森堡最奇特的品质之一是他在处理物理问题时所表现出来的那种几乎万无一失的直觉，以及他的解答似乎自天外飞来的那种非凡方式。"[4]

因预言 J/ψ 粒子而荣获诺贝尔奖的物理学家丁肇中曾这样回顾自己的那段科学工作："1972年，我感到很可能存在许多有光的特性而又有比较重的质量的量子。然而，理论上并没有预言这些粒子的存在，我直观上感到没有理由认为

---

[1] 陶伯华、朱亚燕著：《灵感学引论》，辽宁人民出版社，1987年版，第140页。

[2] 同上，第140页。

[3]［苏］戈林著，朱行素译：《著名物理学家略传》，安徽科学技术出版社，1984年版。

[4] 布洛赫：《今日物理》，1976年第23期。

重光子也一定要比质子轻。为了研究更重的光子，我们在布鲁海文国家实验室的高能加速器上设计了一个实验……"他最终发现了 J 粒子。[1]

从科学大师们的论述中可以看出，直觉在创造中的作用主要是：判断问题价值、确定行动方向、直观得出结论。当然，后续的实践检验也是必不可少的。

四、直觉能力的培养

在人的心理发展过程中，当个体发展出判断能力之后，也就具备了直觉能力。

直觉能力人人都有，但直觉判断的可靠性水平或直觉能力的高低却各不相同。

直觉判断能力及其可靠性与两个因素有关：相关知识与实践经验。但直觉判断能力与知识经验的关系不是简单的线性相关。知识经验只是直觉判断能力的必要条件而不是充分条件。M·韦斯科特（1968）曾做过一项实验研究，揭示了这一点。

他设计了一系列需要解决的问题，在实验中按顺序向被试（问题解决者）提供有关信息以供选用。被试可以在该信息序列中他们满意的任何一点解决这些问题。在给出的信息中，没有任何有关解答方法的知识。实验结果表明，不同的人在愿意解答问题之前，要求提供给他们的信息量是不同的。有些人解决问题的成功率始终要高一些，有些人始终低一些。有的人仅需少量信息就可以较好地解决问题；有的人要求提供的信息少，却错误百出；有的人需要较多的信息，但始终获得成功；另一些人需要的信息过量，而仍然总是失败。应当指出，这四种类型的被试在学业能力倾向或成绩上差异很小，但是他们的人格特征却显示出差异。有学者发现，在人格特征上，成功的直觉者类似于创造性高的建筑师。[2]

目前关于直觉能力方面的相关研究和实验研究报道甚少。从直觉的特点来看，除了努力学习和实践，积累相关知识和研究的经验之外，似乎还没有更好的途径和建议。

---

[1] 丁肇中：《在探索中》，《中国青年》，1981 年第 6 期。
[2] 《心理学百科全书》编辑委员会：《心理学百科全书》中卷，浙江教育出版社，1995 年版，第 927 页。

第二节 灵感

一、灵感的概念

什么是灵感（inspiration）？这又是一个众说纷纭的概念。

国内有权威学者认为，灵感是"人在创造性活动中出现的认识飞跃的心理状态。由疑难转化为顿悟而来。特点：（1）注意力高度集中，大脑处于优势兴奋状态，将全部精力投入创造性活动的客体上；（2）情绪异常充沛和亢奋，对创造性活动的客体充满激情；（3）智慧高度敏锐，思维过程中遇到的重大阻碍在短时间内得到解决，出现认识上飞跃。灵感并不是什么一时的心血来潮，是在长期的创造性思维活动基础上出现认识飞跃的心理现象。可能是受到原型启发、触类旁通的结果；也可能是在大脑解除抑制后，使思维处于积极高效时的状态。……若没有巨大的劳动做准备，则决不可能有什么灵感的产生"。[1]

值得注意的是，在上述代表国内权威水平的关于灵感的论述中，也同时出现了"认识飞跃""心理状态""顿悟"等不同的词语，那么灵感究竟是什么？灵感与三者的关系，特别是与顿悟的关系又是什么？它们的意义是等价的吗？

回顾科技史，大量"灵感突现""灵感导致问题解决"的案例中，所谓的灵感，本质上就是创造过程中突如其来的新想法。对于解决问题而言，这种想法是否可行，还需要后续的检验。这就是本书对灵感本质的理解和概念的定义。

把灵感定义为"创造过程中突如其来的新想法"，就可以在讨论问题时避免灵感与其他心理现象的混淆，也避免了由于观察和讨论角度不同而导致对同一案例同一现象产生不同说法而带来的思维混乱。

二、灵感导致创造的典型案例

为了深入具体地研究灵感的特点和产生的规律，可以先来回顾几个科技史上著名的案例。

---

[1] 林崇德、杨治良、黄希庭主编：《心理学大辞典》，上海教育出版社，2003年版，第762页。

1. 格拉塞发明气泡室

人类认识进入到微观领域后，探测仪器成为科学认识发展的关键设备。在 20 世纪 50 年代之前，威尔逊云雾室（云室）和乳胶是探测和记录基本粒子的基本手段，但云室只能探测几兆电子伏（MeV）能量的粒子。50 年代，几京电子伏（GeV）的加速器即将问世。传统的探测与记录手段远不能满足高能物理学发展的要求。如何解决微观粒子的探测与记录问题，成了摆在物理学家面前的一道难题。

美国实验心理学家格拉塞（Donald Arthur Glaser）有一次与朋友喝啤酒，当啤酒倒入杯子后，格拉塞望着冒泡的啤酒出神。朋友不解地说这有什么可稀奇的，过一会儿就没气了。格拉塞说他注意到啤酒泡是从杯壁表面不光滑的凸起部位生成的，啤酒冒完泡后，其实里面还是有气体的，他可以证明。于是他找了一粒砂子丢到了啤酒里，果然，砂子在下降过程中表面不断有气泡生成，并且顺着砂子下降的路径形成了一连串气泡。他受这一现象启发，猛然想到这个原理可以用于微观粒子的探测！

气泡室的灵感就这样瞬间产生了。

回到实验室，他注意到了过热液体的不稳定性：如果有电离作用的辐射穿过这种液体的话，就会在穿过的途径上引发气泡的产生。他最初用乙醚，在加压的情况下加热到 140℃（正常沸点是 36℃），以快速 γ 射线辐照之，乙醚立即沸腾，通过高速摄影机拍下的照片可以看到有气泡的轨迹。他最后选择了性能更为适宜的 27K 温度下的过热液氢，并于 1953 年建造了第一台氢气泡室。从此气泡室得到了广泛的用途，成了检测高能带电粒子的标准仪器。他也因此荣获了 1960 年的诺贝尔物理学奖。[1]

2. 魏格纳提出大陆漂移说

20 世纪 20 年代初的一天，德国科学家魏格纳（Alfred Lother Wegener，1880—1930）百无聊赖地躺在床上看着对面墙上的一幅世界地图，他从非洲、美洲大陆海岸线边缘具有大致吻合性的特点猛然得出一个想法：这些洲的大陆原本是连在一起的，后来才分裂、漂移开来，形成了今天这个样子！这就是

---

[1] 百度百科：格拉塞。

"大陆漂移说"灵感的最初由来。由于当时科学技术水平的局限,他的假说还拿不出太多的证据。但随着古生物学、地磁学等学科的发展,他的假说得到了越来越多的证据支持,他的学说终于在他去世半个世纪后,为科学界所接受。

3. 笛卡儿创立解析几何

17 世纪,人们对如何描述空间中点的运动尚无有效的方法。法国数学家、哲学家笛卡儿有一天黄昏倚在床上,目光无意中落在一只正在天花板角落里飞舞的苍蝇身上,室内光线渐渐昏暗了下来,苍蝇变成了一个运动着的黑点。这时,他猛然想到,空间中一点的位置可以由这个点与三个平面之间的距离来唯一确定。循着这个想法,他后来创立了解析几何。

4. 凯库勒提出苯环的结构

凯库勒发现苯环结构的过程是科学史上一个广为流传的故事。

在没有"苯环"这个概念之前,人们无论如何也想象不出 C_6H_6(苯)的分子结构是怎样的。据说凯库勒有一天坐在壁炉前打盹,随着意识进入朦胧状态,眼前的火苗也渐渐幻化成了一条条飞舞的金蛇,突然间有条蛇咬住了自己的尾巴,在他面前不停地扭动着,似乎在嘲弄他。他猛然间从似睡非睡、似醒非醒的状态下惊醒了——这个幻影给了他一个重要的启迪:分子结构为什么非得是链式的而不能是环形的?于是,苯环就这样诞生了。

5. 更多的案例讨论

将灵感定义为"创造过程中突如其来的新想法",就有可能对一个案例进行不同角度的解读。在阿基米德解决皇冠掺假问题的案例中,他从溢出浴盆的水突然领悟到可以用比重和体积的关系原理来做出判断。这种新想法就是灵感,对灵感正确性的当下直接判断是一种直觉,而对问题本质的瞬间把握与解决的状态则是一种顿悟。这是一个三而一,一而三的过程。

事实上,在许多案例中,都包含着"新想法(灵感)、当下判断(直觉)和瞬间把握本质(顿悟)"相互交织的情形。

三、灵感的特点

作为创新过程中突如其来的新想法,灵感具有以下一些特点。

（1）产生过程的不随意性和突发性。创造是一个艰苦的过程，灵感是这一过程的偶尔回报。灵感的产生具有不随意性和突发性，不受人的主观意识支配，是在无意识状态下突然形成和出现的。

（2）随意思考的非连续性。很多灵感都是在经过了一段时间的随意苦思而不得其果之后，在随意思考中断后的某个时候延时产生的。

（3）灵感产生的媒介性。灵感的产生通常会受到某种事物的启发。

（4）内容的新颖性。灵感本质上是一种解决问题的新想法，是之前久思未得的，有些灵感甚至显得特别奇巧或大胆。

（5）解决问题（结果）的或然性。灵感只是一种新的想法，至于是否可行，还需要后续的检验和完善。

（6）痕迹的表浅性。灵感会表现为大脑中"一闪而过的念头"，稍纵即逝。对灵感的捕捉要有敏感性，灵感也偏爱有准备的头脑。

四、灵感产生的模式

灵感的产生虽然具有不随意性的特点，但灵感的产生并非完全没有规律可循。

美国学者对高创造个体进行过一项调查：您的创造性灵感是在什么情况下迸发出来的？回答可谓是五花八门：开车兜风的时候，海滨度假的时候，休闲散步的时候，洗澡的时候，刷牙的时候，刮胡子的时候，甚至还有坐在马桶上的时候……这些回答的共同之处是：持续紧张、饱和思考后的身心放松阶段！[1]

看来，不会休息人的，也不会给灵感的产生留下时间和空间。

在创造过程中，灵感产生的模式可以做如下归纳：

面对问题的持续思考和饱和思考（必要条件）——思想或身体暂时离开工作，在饱和思考后有一段身心放松的状态（必要条件）——受某种媒介的激发（或然条件，非必要条件）或是善于利用媒介（类比、联想、梦境等）——灵感迸发——灵感的检验。

---

[1] 杨振宁：《谈"灵感"与科学》，《青年科学》，1985 年第 7 期。

五、科学家和艺术家论灵感及其作用

灵感是一个带有神秘色彩的精灵，它不能被随意地呼唤出来，却又时不时地给人以意外之喜。由于灵感的这个特点，目前心理学还难以用实验的方法对其进行有控制的研究。但灵感又是一个充满魅力的精灵，所有进入创造领域的人都对其充满期盼。

灵感是创新的加速器，其作用是独特的。在缺乏实验材料证明灵感作用的情况下，不妨看一看科学家、艺术家这些高创造性的个体是如何看待和评价灵感的，这样也许可以加深对灵感的认识。

1. 灵感是一切创造的源泉

俄国哲学家、文学评论家别林斯基认为："每一个艺术作品都是艺术家的灵感努力的结果……灵感是一切创造的源泉。"[1]

2. 灵感是随意努力之后的延迟结果

法国数学家、哲学家彭加勒以其亲身体验指出："这些出其不意的灵感只是经过了一些日子仿佛纯粹是无效的有意识的努力之后才产生的。在做出这些努力的时候，你往往以为没有做出任何有益的事情，似乎觉得选择了完全错误的道路，其实正相反，这些努力并不像原来认为的那样是无益的，它们推动了无意识的机器。没有它们，机器不会开动，也不会产生任何东西来。"[2]

3. 灵感是良好修养和情绪控制能力的回报

2014年诺贝尔化学奖授予了德国科学家斯特凡·赫尔（Stefan W. Hell），其获奖成果是荧光显微镜。这种显微镜规避了阿贝衍射极限，突破了传统光学显微镜分辨率的极限，为人类研究细胞内相互作用的蛋白质分子提供了强有力的研究手段。

这一导致获得诺奖成果的设想灵感，竟是来自一次赫尔对邻居夏夜纷扰的宽容。

---

[1] 皇甫修文：《直觉在艺术创作中的作用》，《北方论丛》，1987年第1期。

[2] 凯德洛夫，周义澄译：《论直觉——凯德洛夫答〈科学与宗教〉杂志问》，《哲学译丛》，1980年第6期。

2005年夏天的一个夜晚，已经睡下的赫尔被一阵电子打击乐吵醒。邻居家又在举办舞会了。半睡半醒的赫尔走下楼来，本想出去告诉他们安静些，但是碍于情面，只好作罢。他没有为邻居的行为气恼，而是随手画了一副新型显微镜设计图，这种显微镜可以借助荧光标记的蛋白质来显示细胞形态及细胞内的大分子。

第二天早上，当赫尔重新翻看这幅非清醒状态下绘制的潦草的设计图时，他自己都不敢相信：它是那么简洁，没有违背任何物理原理，但却解决了以往显微镜"看不清"太小对象的难题。这可是令人纠结了很久的难题。他将信将疑地把这幅图拿给物理系的同事审视，也没有发现任何问题。荧光显微镜就这样诞生了。[1]

4. 灵感是"他山之石"擦出的智慧火花

达尔文及同时代的生物学家华莱士都提出了生物进化论的思想，他们也都提到了马尔萨斯《人口论》中关于生存竞争观点对他们创立生物进化理论的关键启发作用。

达尔文是这样回忆的："1838年10月，也就是我已经开始系统的研究15个月之后，我为了消遣偶然读到了马尔萨斯的人口论。而我由于长期不断观察动植物的习惯，对这种到处都在进行着的生存斗争，思想上早就容易接受，现在读了这本书立刻使我想起，在这些情况下，有利的变异往往易于保存，而不利的变异则往往易于消灭。其结果就会形成新的物种。这样我终于得到了一个能说明进化作用的学说了。"[2]

1858年，华莱士也独立了提出与达尔文相同的自然选择理论。

他回忆道："一天，我突然回忆起马尔萨斯的《人口论》，这本书早在十二年前我就读过了。我想起了他对'积极限制增长'的明确论述——瘟疫、事故、战争、饥荒——正是这一切使得野蛮民族的人口增长率，比起文明的人们来说平均要低得多。接着我意识到这些原因或者它们的类似物，在动物界同样也是频繁地发生作用；而且，动物的繁衍通常要比人类快得多，因此，每年由于这

---

[1] 郭奕玲、沈慧君编著：《诺贝尔物理学奖1901—2010》，清华大学出版社，2012年版，第476页。
[2] [英]斯蒂芬·F·梅森，上海外国自然科学哲学著作编译组译：《自然科学史》，上海人民出版社，1977年版，第390页。

些原因所造成的死亡也一定很大,这样才能保持每个物种的数量。因为动物的数量并不是逐年自然地增长的,不然的话,早在很久很久以前,整个世界就被那些繁殖最快的物种塞满了。我朦朦胧胧地回味着这种巨大的、连续不断的死亡,它使我想到这样一个问题,为什么一些死亡,一些生存呢?结论是很清楚的,从总体上看,最能适应的就可以生存下来。最健壮的可以逃避瘟疫,最强大、最敏捷、最机灵的可以在敌人面前死里求生,最善猎食或消化能力最强的,就可以平安地度过饥荒,如此等等。紧接着,问题的答案突然闪现在我的心头:这种自发的过程,必然会引起物种的进化,因为在每一代中,劣者不可避免会被淘汰,优者则会保存下来——这就是适者生存。"[1]

对于马尔萨斯的《人口论》,已有的批评甚多。但即使是一种错误的理论,也可能为解决其他领域的难题带来灵感,这在科学史上也不乏先例。

创造或创新,需要博大的胸怀、宽阔的眼界和敏锐的思考,这也是产生灵感的认知条件。

5. 灵感是身心放松时的意外惊喜

美籍意大利物理学家费米回忆说,一天,他和另一位物理学家一起舒坦地躺在寂静的草地上,用系有套索的玻璃棒捕捉壁虎玩儿。玻璃棒和壁虎分别以不同的方向和速度运动着,要捉到壁虎并不容易。就在他眼睛盯着地面,注意着壁虎的动向时,蓦地想到了长久以来苦苦思索着的一个科学问题的答案:一种气体中没有两个原子能够恰好用同样的速度运动!这就是量子物理学中著名的费米统计的原理——在理想单原子气体里,在原子可能有的每一种量子状态中,只可能有一个原子。[2]

6. 从灵感闪现到现实完成,需要长期坚持不懈的努力

威尔逊回忆他发明云雾室的过程时,谈到了他的一段经历:"1894年9月,有几周时间我是在尼维斯峰顶上的天文台度过的。……当日光照耀在山顶四周的云上,尤其是太阳周围有彩环(日晕),令人惊异的光学现象就出现了。这极大

---

[1] [美]D·N·柏金斯著,蒋斌、梁彪译:《创造是心智的最佳活动》,广东人民出版社,1988年版,第76～77页。

[2] 陶伯华、朱亚燕著:《灵感学引论》,辽宁人民出版社,1987年版,第121页。

地激发了我的兴趣，使我渴望在实验室中模拟这些现象。"

1895年初，他开始建立第一个在无尘大气中凝聚水蒸气的装置；……但不久就专心于大气电学方面，直到1910年12月才又回到云室的研究中来。他设计了一个改进过的云室，它具有新的照明方法和拍摄实验结果的可能性。这一次威尔逊认识到，藉 α 射线通过所产生的离子为核心，去凝聚水滴，有可能显示出 α 射线的轨迹。1911年3月，他看到了在他的装置中产生的这种效果。

就这样，17年前在苏格兰山上看到的现象，使他产生了在实验室中模拟的想法，进而导致了威尔逊云室的诞生，从而为研究微观粒子及辐射过程提供了一种有效的手段，威尔逊云室成了一种重要的实验室设备。[1]

7. 从灵感到科学成果的最终确认，要经历漫长的等待和煎熬

日本科学家小林诚和益川敏英因提出基本粒子物理学的"小林—益川理论"而荣获2008年诺贝尔物理学奖。

从最初的合作选题、灵感突现、完成实验、提出理论、验证理论到成果的最终承认，二人居然经历了近半个世纪的历程。

20世纪60年代，小林诚和益川敏英在日本京都大学相遇，二人决定研究一些"有趣"的东西——基本粒子物理中的"自发对称性破缺"问题。

两人的合作可以说是性格与专长的完美互补：小林诚沉默寡言，擅长精密的实验；益川敏英性格开朗，笑容不断，长于理论思维。

益川敏英回忆起当年的合作："那时候，我每天晚上在脑子里做好模型，早上告诉小林，在实验中验证。"

"小林—益川模型"是用来解释弱相互作用中的电荷宇称对称性破缺，他们认为造成上述现象的原因是夸克的反应衰变速率不同。最初模型只考虑了四种夸克，然而，靠四元夸克模型来解释对称性破缺的相关机理非常困难，当时在实验中也只发现了三种夸克，实验数据与理论模型的不匹配使他们的研究陷入了绝境。

在苦思冥想不得其解的情况下，益川敏英生出了"索性把研究论文往后放一放"的心理。在实验中断了半年之后，1972年的一天，益川敏英在家里洗澡，

---

[1] G·L·E·特纳，龙新华、刘奕昆译：《威尔逊》，《科学与哲学》，1981年，第1–2期。

当他踏出浴缸的那一刹那间,灵感突现。他的脑海里闪现出将夸克增加到 6 个,或许可以消除实验与理论之间的矛盾的念头。他回忆道:"洗完澡,脑子突然清醒,虽然只是单纯的设想,但是总算突破了四元模型的限制。"

次日早上,益川敏英向小林诚解释了他的设想,随后,两人又用了两个月的暑假时间,在实验室中顺利地完成了验证工作。小林诚将研究结果用英文写成论文,他们的成果于 1973 年发表后,引起了物理学界的震动。

在小林诚和益川敏英提出存在 6 种夸克的模型时,科学家只发现了 3 种夸克,因此一直难以证明他们的理论。到 1995 年,6 种夸克终于都被发现了。2001 年,日本和美国科学家确认了由夸克构成的正反粒子——B 介子和反 B 介子的"CP 对称性破缺"现象,从而证明了"小林—益川理论"。"小林—益川理论"在等待了 30 年后,作为基本粒子物理学的一种基础"标准理论",终于得到了科学界的认可。[1] [2]

在创造过程中,灵感固然是有价值的,但科学家的信念和坚持也是最终实现灵感价值的心理保障。更准确地说,灵感的作用是提供了研究的新思路和新想法,确立了新的研究方向。

第三节 顿悟

一、顿悟的概念

顿悟(insight)又译作"洞察""领悟",字面意思为顿然领悟。佛教禅宗术语指通过正确的修行方法,迅速地领悟佛法的要领。顿悟也是格式塔心理学(又叫完形)的重要概念。格式塔心理学用顿悟来解释动物乃至人的问题解决行为的特点。格式塔心理学认为,问题解决主要不是经验和学习本身的作用,而是在于对问题情境的顿悟。格式塔心理学做过很多关于顿悟学习和问题解决的实验,其中最为著名的是苛勒在 20 世纪 20 年代做的黑猩猩实验。关于这些

---

[1] 百度百科:益川敏英。

[2] 闻新芳:《日本诺贝尔物理学奖得主:洗澡时想出天才理论》,新华网,2008 年 10 月 8 日。

实验，现在不难在相关心理学教科书中了解到。

格式塔心理学认为，学习或解决问题的过程，都是由于对情境中事物关系的理解而构成一种完形来实现的。完形的转变或形成是瞬间完成的，这种瞬间领悟的情形就是顿悟。顿悟的出现需要之前有充分的试错经验作为基础。

格式塔心理学的早期代表人物韦特海默认为创造性思维就是打破旧的完形而形成新的完形。在他看来，对情境、目的和解决问题的途径等各方面相互关系的新的理解是创造性地解决问题的根本要素，而过去的经验也只有在一个有组织的知识整体中才能获得意义并得到有效的使用。因此，创造性思维都是遵循着旧的完形被打破，新的完形被构建的基本过程进行的。

在创造心理学中，顿悟是指面对问题，瞬间把握本质或解决问题的一种状态。日常所说的"茅塞顿开""醍醐灌顶""豁然开朗"都是自然语境下对顿悟状态的描述。

二、科学创造中的顿悟案例

顿悟作为一种解决问题的情形和心理现象，在科学创新过程中并不鲜见。我们通过科学家的叙述和回忆，来看几个典型事例。

1. 德国数学家高斯论顿悟体验

德国数学家高斯在证明一条定理时，曾苦思达两年之久，有一天，他突然想到了证明的方法，获得了成功。他回忆说："像闪电一样，谜一下解开了。我也说不清楚是什么导线把我原先的知识和使我成功的东西连接了起来。"[1]

2. 爱尔兰数学家汉密尔顿（Hamilton）回顾四元数的发现

汉密尔顿是这样回忆"四元数"的发现过程的："明天是四元数的第十五个生日。1843年10月16日，当我和Lady Hamilton步行去都柏林途中来到勃洛翰(Brougham)桥的时候，它们就来到了人世间，或者说出生了，发育成熟了。这就是说，此时此地我感到思想的电路接通了，而从中落下的火花就是I, J, K之间的基本方程；恰恰就是我此后使用它们的那个样子。我当时抽出笔记本，它还在，就将这些做了记录。……我感觉到一个问题就在那一刻已经解决了，

---

[1] 郑隆炘:《试论直觉思维与创造》,《河南师范大学学报(哲社版)》, 1987年第2期。

智力该缓口气了，它已经纠缠住我至少十五年了。"[1]

3. 法国数学家彭加勒解决富克斯函数变换问题

彭加勒在考虑富克斯函数变换时曾一直理不出头绪，他回忆道："恰好这时，我离开当时居住的城市——卡恩，参加了一次校方组织的地质学的游览活动，这使我暂时忘却了正在进行的数学研究。到达古坦斯之后，我们乘上了一辆公共马车，准备到别的什么地方去。正当我的脚踏上马车的时候，脑海中突然冒出了一个想法：我用来定义富克斯函数的变换式，用非欧几何的变换式是恒等的。这个想法来得如此突然，在此之前没有得到任何东西的启发和诱导。我没有马上证实自己的想法是否对头，因为根本没有时间，刚坐到马车的位置上去，就被卷入了一场正热闹的闲谈。但我完全相信自己的想法是正确的，在回卡恩的路上，为了使自己心里更踏实些，我利用空闲的机会证实了自己的想法。"[2]

4. 我国数学家侯振挺回忆巴尔姆断言的证明过程

我国数学家侯振挺对《排队论》中的巴尔姆断言的证明问题想了一年多，但始终进展不大。后来有一天他出差坐火车，到候车室时，突然感觉到排队等上车的人们变成了符号与等式，人们的流动正好变成了演算，他当时觉得眼睛一亮，断言的证明清楚地呈现于脑海之中，他返回住地后立即写下了《排队论中巴尔姆断言的证明》。一个数学难题，就这样在顿悟之下解决了。[3]

5. 激光器的发明

激光的发明者，1964年诺贝尔奖物理学奖获得者查尔斯·H·汤斯本人是这样回顾受激辐射的微波放大器—分子振荡器的发明过程的："我和其他一些人试用了许多不同的技术，去制造能产生更短波长的振荡器。在经历了某些失望的岁月之后，我打算在华盛顿召开的一次会议上，报告获得这种振荡器的潜在可能性。碰巧，我和我的同事及朋友 A·L·夏芬，住在旅馆的同一套房间内。

---

[1] [美]M·克莱因著，北京大学数学系数学史翻译组译：《古今数学思想》(第三册)，上海科学技术出版社，1980年版，第177～178页。

[2] [美]D·N·柏金斯，蒋斌，梁虎译：《创造是心智的最佳活动》，广东人民出版社，1988年版，第54页。

[3] 郑隆炘：《试论直觉思维与创造》，《河南师范大学学报(哲社版)》，1987年第2期。

后来，他也卷入到激光中来了。早晨，我很早就醒了，为了不打扰他，我走了出去，坐在附近公园的长凳上苦心思索我们过去失败的基本原因何在。有一点是很清楚的：即需要一种能制造非常小的精密的谐振器的方法，并且在谐振器中要存在着能与电磁场相耦合的某种形式的能量。但是，这涉及到与分子打交道，人们要制造这么小的振荡器并且提供能量，其技术上的困难意味着：任何现实的希望都必须建立在寻找利用分子的方法上！或许正是这种清新的早晨空气，使得我豁然开朗，这样做是可能的。几分钟之内，我概括地拟定并计算了一种分子束系统所应满足的要求，这种系统能从低能量的分子中分离出高能量分子，且使它们通过谐振腔，在这个振荡腔中应该存在着使分子进一步受激辐射的电磁辐射，从而形成反馈及连续振荡……戈登、H·曾格和我三年之后制成了第一个利用此原理的分子振荡器，我们把它称之为脉塞来代表受激辐射的微波放大器。……这种振荡器和放大器的新原理是完全不同于老的技术。"[1]

6.DNA 双螺旋结构的发现

在探索生物遗传奥秘 DNA 结构的过程中，沃森（J. D. Watson）和克里克（F. H. C. Crick）最初考虑的是三链结构模型，但这个模型与已知的实验事实不相符。一次，沃森去英国皇家学院求教 X—衍射专家威尔金斯（M. Wilkings）和富兰克林（R. Franklin），看到了他们拍摄的 DNA 的 X—衍射照片中有旋光现象，提示 DNA 应该有螺旋结构。在回家的路上，沃森从生物对象的成对性突然想到 DNA 的结构可能不是三螺旋，而应是双螺旋。他们用"搭积木"的方式凑出双螺旋模型后，克里克又敏感地直觉到它的碱基互补性应是解释生物遗传复制机制的钥匙，于是 DNA 的遗传秘密得以揭开。[2]

7.导致现代电子计算机诞生的顿悟

现代电子计算机的奠基人是美籍保加利亚科学家约翰·文森特·阿塔纳索夫（John Vincent Atanasoff）。阿塔纳索夫当年在学校做关于原子光谱的博士论文时，所涉及的计算量非常大，这使他产生了要发明一种"能自动计算的机器"

---

[1]［美］C·H·汤斯，黄维玲译:《激光的渊源》,《科学与哲学》,1980 年第 5 期。
[2]［美］詹姆斯·沃森著，刘望夷译:《双螺旋——发现 DNA 结构的故事》,上海译文出版社,2016 年版。

的念头。博士毕业后他在衣阿华州立大学任教，工作之余仍痴迷于他的"能自动计算的机器"，但始终理不出明晰的头绪。

后来，问题解决之迅捷却出乎意料。

阿塔纳索夫是这样回忆的："我反复尝试寻找正确思路，却始终未得其解。这样子持续工作好几个月，一天傍晚我又回到我的办公室工作，仍然没有头绪，感到极度沮丧。于是我钻进汽车并开上了路。我把车开得飞快并尽量专注于驾驶，这样一来我才可以把困扰我的那些问题抛在脑后。可是等我真正清醒过来时发现，我已经在前后不见一人的高速公路上跨过了密西西比河，开出了189英里，驶出了衣阿华州，到了伊利诺斯州。当时在衣阿华州是禁酒的，可伊利诺斯州却不然。我寻着灯光找到一家小酒馆，进去叫了杯酒喝了起来。我觉得头脑变得非常清晰，突然明白了我该怎样思考问题才对路。于是立刻工作起来，在那儿一口气干了三个钟头，然后才慢慢地把车开回家。那个夜晚，在伊利诺斯州一个路边小酒馆里，我做出了四个决定：采用电能与电子元件，在当时就是电子真空管；采用二进位制，而非通常的十进位制；采用电容器作为存储器，可再生而且避免错误；进行直接的逻辑运算，而非通常的数字算术。"[1]

思路明确之后，剩下的事情就只是时间问题了。他和一位研究生克利福特·贝瑞（Clifford Berry）在1937年完成了设计，1939年做出了样机，验证了原理。后来人们把这台机器称作ABC，即"阿塔纳索夫—贝瑞计算机"(Atanasoff-Berry Computer)的英文首字母。当时只剩下完善输入、输出设备了，但这时第二次世界大战打断了他们的研制进程，1942年，阿塔纳索夫应征去海军的一个实验室为军方改进武器去了。当时包括阿塔纳索夫在内的所有人都没有意识到这是一项将要影响整个人类社会的重大发明，以及它将带来的巨大的经济利益，因此没有申请专利保护。他留下的机器别人也不知为何物，只知道ABC上的那300个真空电子管当时可是贵重紧缺物品，实验室的同事们需要电子元件时就到上面去拆，等战争结束他回到实验室的时候，机器已经拆得只剩下一个带有电容器的存储圆盘了。[2]

ABC虽然被拆解了，但阿塔纳索夫在那个夜晚做出的关于计算机原理和结

---

[1] Mackintosh, A.R., Dr. Atanasoff's computer, *Scientific American*, 1988, 259(2).

[2] 同上。

构的决定,仍被现代计算机所采用。

三、顿悟的特点

在上述的案例中,激光器、DNA 双螺旋结构、电子计算机都是 20 世纪的重大科学发明与发现,在这些发明与发现中,都有顿悟的贡献。

关于顿悟的特点,可以做如下归纳:

(1)顿悟通常发生在持续随意思考后的中断阶段,特别是身心放松阶段。
(2)顿悟的发生具有突发性和不随意性,事先毫无征兆,事发毫无准备。
(3)有无媒介激发并不是顿悟产生的必要条件。
(4)顿悟是瞬间完成的。
(5)顿悟具有本质上的正确性,后续的完善和证明只是一种逻辑程序上的要求而已。
(6)解决问题的瞬时性。纠结很久的问题,在顿悟发生的那一刻即已得到了解决。

四、顿悟发生的条件和模式

尽管顿悟的发生具有不随意性或不可控性的特点,但这并不意味着顿悟就完全是神秘而不可捉摸的。

从顿悟的典型案例中,可以归纳整理出顿悟发生的条件或模式:

面对一个问题——长期思考却不得其果——随意思考的中断——在不经意间,在没有什么征兆的情况下,突然顿悟——问题从本质上得到了解决。

顿悟是长期持续地努力思考后,身心处于放松状态时的延迟回报,这一过程特点与灵感相似。要达到顿悟状态,先期的努力是必要条件。

第四节 直觉、灵感与顿悟的区别与联系

在以往讨论创造过程的案例和心理现象时,直觉、灵感和顿悟虽然是时常出现的概念,但并没有统一、明确的定义,三者的本质及其异同亦鲜见比较。学者们各自按自己的理解使用着这三个概念,虽然字面相同,但意义却可能已

相去甚远，甚至使用三者中的一者或二者去定义、描述另一者，概念之间的独立性堪疑。这种概念与思维上的混乱情况在进入案例分析与讨论时表现得尤为严重。同一事例或同一现象，可能有说是直觉，有说是灵感，也有说是顿悟，犹如盲人摸象。

直觉、灵感、顿悟三者都是创造过程中常见的心理现象。它们的本质不同，表现互有异同，这或许是它们时常让人混淆不清的原因之一。

直觉本质上是面对问题，当下、直接产生判断或结论的一种非逻辑思维能力。灵感本质上是解决问题的一种新想法。顿悟则是面对问题，瞬间把握本质或解决问题的一种状态。简言之，能力、想法、状态——这就是三者的区别。明确了这种区别，在讨论具体案例或问题时，就不会陷入三者纠缠、混淆不清的状态。同一个案例或现象，考察的角度不同，看到的东西也就不同，所谓"横看成岭侧成峰"。以阿基米德解决皇冠掺假问题为例，当水从浴缸中溢出的那一刻，从产生新想法的角度来说是灵感，从当下直接判断问题解决路径的角度来说是直觉，从瞬间明了问题已经解决的角度来说是顿悟。

直觉、灵感、顿悟的异同比较可见下表。

直觉、灵感、顿悟特点比较一览表

	比较项目	直觉	灵感	顿悟
1	本质	能力	想法	状态
2	知识经验准备	有	有	有
3	媒介激发	无	通常有	无
4	面对问题当下发生	是	否	否
5	饱和思考后的中断	无	有	有
6	问题当下已解决	不定	不定	是
7	身心放松状态	不定	是	是
8	是否延迟产生	否	是	是

七 创造性思维的形式化方法

- 创造方法概说
- 创造的若干方法
- 创造方法的简要讨论

创造就是解决难题。创造所面对的问题是各种各样的,每个问题的解决之道也不尽相同。但创造有无方法可循?创造心理学作为一门科学,研究的是创造过程中的规律性的东西,包括方法。

第一节 创造方法概说

一、创造方法的概念

所谓创造方法就是创造过程中一些规范性、程序性的成熟操作,包括思维操作与行为操作。创造本身是一个充满变数的过程。从这个意义上说,创造既没有一劳永逸的万能方法,也没有一成不变的固定成规。一切都要依问题及相关的主客观条件而定。

创造过程中有一些出现频率较高的操作或是以相对稳定顺序出现的操作序列,对这些操作或操作序列进行总结,明确其适用性和规范性,就形成了所谓的方法。

创造学,或曰创造工程学,是一门专以创造的方法为研究对象的学科,据说已经开发了数百种创造的方法。这本来也应该是创造心理学关注的领域。但遗憾的是,目前这两个学科间的相互诟病要多于相互理解和相互支持。[1] 创造心理学批评创造学的方法缺乏理论根据和信效度证明,创造学则批评创造心理学的理论缺乏可操作性和生态效度。从两个学科以往的发展过程和目前的发展水平来看,应该说双方都点中了对方的软肋。但是问题为什么不能换个方式来寻求解决呢?创造心理学可以按心理学的研究规范来考察创造学方法的信效度,检验其有效性,为其提供理论根据;创造学则可以为创造心理学提供可供研究的问题、可供检验或证伪的方法,从创造心理学那里得到所需要的理论支持和信效度证明。这方面的工作已经开始有人在进行,尽管研究水平和研究范围还很有限,但初步的研究结果是给人以鼓舞和希望的。这方面的情况,只要查询

---

[1] [美]罗伯特·J·斯滕伯格主编,施建农等译:《创造力手册》,北京理工大学出版社,2005年版,第5~6页。

国内研究生的论文数据库就不难得到。

为了避免影响读者的阅读兴趣和心情，也由于相关研究成果的数量和质量还远未达到心理学研究规范所要求的严谨程度，本书不拟引用那些冗长的研究过程说明和繁杂的数据，而宁愿用案例剖析和理论叙述的方式来讨论这些方法。毕竟，无论理论还是方法，其实际应用方面的效用性和思想上的启发性才是更有生命活力的。

二、创造方法的特点

创造的方法具有相对成熟性、规范性、程序性和发展性的特点。

创造方法是在创造过程中形成的，且经过反复实践证明其有效性，因而是相对成熟的。创造方法都有其适用的对象和条件，具有内容和程序上的确定性和规范性。创造方法不是一成不变的，也像创造的内容一样层出不穷。只要是能够解决创造问题的方法都是好方法，而无论其出现或使用的频率如何。当然，创造心理学优先注意和开发那些经常出现、适用性强、使用频率和成功概率高的方法。

三、创造方法的作用

创造方法的作用主要表现在以下几个方面。

1. 启发思路

创造方法是创造经验的总结，又可能在创造过程中引出新的问题，启发研究的思路。非欧几何的诞生就是如此。既然"过已知直线外的一点只能做一条平行线与已知直线不相交"这么看似浅显的欧氏第五公设始终证明不了，那么反其道行之又如何？"过已知直线外的一点可以做无数条平行线"和"过已知直线外的一点做不出任何一条平行线"——循着同样的逻辑和方法进行假设、推演，居然可以发展出逻辑上自洽的、完全不同的几何学体系——罗巴契夫斯基几何学和黎曼几何学。欧氏几何所描述的，只不过是空间曲率为零情况下的特殊情形而已。

2. 减少失误

方法是引导思维和操作的工具。正确的方法可以保证科学研究结果的可靠性。

科学研究有一个基本的规范，就是在同样的条件下，按照同样的研究方法，应该能够得到同样的结果。在这个过程中，方法起着"规矩"的作用。方法上的偏差，会导致结果的偏差。在科学研究和创新活动中，能否严格遵守科学的方法，也是科研人员基本素养的表现。

3. 创造利器

"工欲善其事，必先利其器。"方法就是创造的"器"与"具"。在创造过程中，仅仅有了正确的思路还是不够的，有时解决问题的最后关键是方法。

"合作共赢""通过合作达成双方长期、持续、稳定的发展"，无疑是很好的理念，但是如何做到？20世纪，摩托罗拉通过"为合作伙伴提供培训"的方法，率先把这一理念落到了实处。

4. 引领创新

方法本身既是创新的内容，也是引发创新的重要因素。

一种新方法、新工具的出现，往往也会带来新的发现与发明，甚至开辟一个新的时代。以雷达、原子能、激光、电子计算机为代表的新技术为人类认识和改造世界提供了强有力的方法，说它们深刻地改变了人类社会生活的方式亦不为过。

第二节　创造的若干方法

创造方法是一个开放的集合。要在一本篇幅有限的书里系统地阐述创造的各种方法显然是不现实的。这里只能选取若干方法加以简介，目的是想通过这些方法显示：面对难题，创新者应该如何进行有效的思考。所举事例本身是有局限的，但希望通过这些有限的事例，对如何进行创造性思维，可以达到举一反三、由一管而窥全豹的目的。

一、智力激励法

智力激励法又名"头脑风暴法"，台湾学者又习惯称之为"脑力激荡法"，其创始人是美国创造学创始人奥斯本。奥斯本并非心理学家，他对智力激励法并没有一个基于实验基础上的、明确的、程序化的、标准化的描述，诸如参加活动的人数、时间、规则的宣布与执行等方面都缺乏基于实验研究的结论。而这也正是有待创造心理学借助实验进行深入具体研究的地方。[1]

智力激励法从形式上看就是"开讨论会"，但其奥秘不在于开会，而在于怎么样开会。

一般来说，智力激励法是围绕一个主题进行深入讨论，主题多了会分散与会者的注意力，导致讨论不能深入。主题可以是任何方面的。

参加讨论的人数不要太多也不要太少，一般10人左右为好，"左右"不超过2~5人。人太多，有的人会怯场、不习惯在大庭广众下说话，有了想法也不会说出来；即使大家都踊跃发言，但由于人多半天轮不到发言，会导致开会的效率低。人太少，说上几句就没话可说了，容易冷场，达不到相互激励思想的目的。10人左右，既能保证讨论的持续热烈进行，不易冷场，同时每个人想说话时又随时可以插上话，讨论的效率会比较高。

讨论的时间一般一个小时左右，"左右"不超过30分钟。时间太短，讨论不充分；时间太长，人会疲劳、注意力涣散，效果也不好。

参加讨论的人，内行外行都可以。

智力激励法最重要的是开会的规则：禁止评价。无论讨论者说了什么，对其意见都既不许批评也不许赞扬。

人有自我价值保护倾向，当别人说得出新主意而自己却说不出新想法时，心里会有社会比较的压力，怎样证明自己比别人"高明"呢？最容易的做法莫过于挑别人的毛病，批评别人。因为新想法总是不完善的，很容易挑出毛病，同时新想法也往往不符合人们的习惯，所以新想法很容易受到人们的批评。而新想法一旦受到批评，其他人因为怕受到批评就不敢或不愿意提出自己的想法了。讨论时对别人的具体意见也不许赞扬，因为高度地赞扬一种想法，就意味着否定和批评与它不同的想法。无论批评还是赞扬，都会对与会者造成"评价压力"，从而造成"创造性阻塞"。

参加智力激励法讨论会的人，身份最好大致接近。人是社会性的动物，如果有领导或资深人物在场，其他人则可能不敢畅所欲言。如果有领导者在场，

---

[1]［美］亚历斯·奥斯本，严厉编译：《我是最懂创造力的人物》，鹭江出版社，1989年版。

则领导者一定不能先发表倾向性的意见,否则其他人就不敢或不愿意发表自己不同的看法了。

智力激励法鼓励人们自由地发言,自由地发挥。把所有的意见都记录下来,过后从中仔细寻找有价值的想法进行尝试。如果一次会议没有得到有价值或可行的想法,也可以重新换人进行讨论。

二、默写式智力激励法(635 法)

智力激励法的应用效果可能有文化背景方面的差异。

智力激励法是美国人发明的,自由、平等、尊重个人是美国的文化价值观,这种方法在美国应用也许合适,但在有着近两千年封建社会历史和集体主义价值文化导向的中国,其运用效果则可能要打折扣。"中庸之道""不偏不倚",追求表面上的和谐,不习惯于当面发表不同意见,这些都是中国文化的特点。即使"不批评",但别人说东你说西,总是发表不同意见,其实也等于间接批评别人,同样会使发言者有心理压力。因此,后来有人改进了智力激励法,变说为写,从而有效地屏蔽了这种评价压力。这就是默写式智力激励法。

默写式智力激励法的要求是:6 人一组围坐成一圈,每人一张白纸,要求围绕一个主题或问题,每人每次写出 3 条不同的想法,时间约为 5 分钟。写好后,按反时针方向,向右传给自己旁边的伙伴,看看别人写了什么,你再写三条与其不一样的意见。注意:规则要求必须是不一样的意见,同样的意见不必写。这样总共传 5 次。理论上半小时左右可以得到 108 条不同的想法,后期再整理,看看能否解决问题。

与奥斯本的智力激励法原型相比,默写式智力激励法的好处有两点:一是保证了参加者没有评价压力;二是变言语讨论的顺序作业方式为小组成员同时并行作业,提高了不同想法的产出效率。

三、德尔菲法

德尔菲法是 20 世纪 40 年代由赫尔默(Helmer)和戈登(Gordom)首创。

德尔菲是古希腊神话中太阳神阿波罗的神殿所在地,是一个预卜未来的神谕之地,于是就以德尔菲为这种方法命名。

德尔菲法采用背靠背的通信方式征询专家小组成员的意见,专家互不见面,也不知道小组有哪些成员，只需要对所询问题做出回答即可。调查人员对专家反馈回来的意见进行整理后再发给专家进行下一轮的意见征询，如此经过几轮征询，使专家小组的意见趋于集中，最后做出结论。[1]

德尔菲方法的原型和变式另有许多专业书刊介绍，在此不赘述。德尔菲法适用于咨询和决策。它的最大优点是可以屏蔽人际关系因素对决策的干扰，可以避免会议当面讨论时可能会产生的敬畏权威、随声附和或固执己见，或因顾虑情面不愿与他人发生意见冲突等弊病；同时由于采用匿名或背靠背的方式，使每一位专家都可以独立地做出自己的判断，从而能够充分利用专家的经验和学识做出相对可靠的结论。

德尔菲法用于决策，要考虑到"群体极化"和"群体思维"的问题。德尔菲法本质上是一个群体极化的过程，原本多样化的意见会在一轮又一轮的讨论中逐渐趋向于某一种意见，其他意见（特别是少数、特别的意见）会被屏蔽掉。在群体决策过程中，不同意见受到压制或忽视，群体以表面一致的方式通过了一种决策，这种现象被称为"群体思维"。如果专家选择不当或信息整理不当，群体极化和群体思维也有导致错误决策的可能。因此，对少数人的不同意见，也要给予充分的注意，在反馈意见时要求专家对其做出解释或评价。

四、逆头脑风暴法（缺点列举法）

头脑风暴法的核心规则是不许评论，特别是不许批评。逆头脑风暴法就是反其道而行之，只批评，俗称"挑毛病"，或者叫"缺点列举法"。这种方法很简单，也很有效。所谓创新，就是把事情做得更好。把没有做好的地方改好了、做好了，事情也就做好了。

设想一下这个任务：一家原本经营大众商品的商场调整了经营方向，改做经营各类高档大牌奢侈品，商场从上到下谁也没有经营销售这些商品的经验，首先需要培训柜组长，再让他们带好营业员，以保证销售绩效。外包培训，一是当地没有这方面的资源，二来成本太高也无从考虑。如果把这个培训任务交给了你，你该如何来做？

面对任务，一般人的自然反应是：（1）我没有做过销售工作，无经验可言；

---

[1] 百度百科：德尔菲法。

（2）我也不是教授营销课程的老师，讲不了理论；（3）我不是"土豪"，没有用户体验，也讲不出这些商品的知识。所以，"这些东西怎么才能卖好，我不知道"。

其实，这个任务谁都可以完成，而且完成得很好。

首先，以顾客的身份，去这家商场和周边其他商场"现场侦察"，扮演各种各样的顾客：有钱的、没钱的、懂行的、不懂行的、有教养的、没教养的……去发现商场销售人员在工作中存在的各种问题，看每大类商品大概能挑出多少毛病，作为确定下一步任务指标的依据。

接着，把培训对象分成二人一组，要求他们到周边商场——竞争对手那里挑毛病，包括真实的毛病、潜在的毛病，你认为是毛病就是毛病，没毛病甚至可以给他们"制造"毛病，在规定时间（比如2小时内）挑满多少条才为合格、多少条为优秀。不合格者影响其本人当月的绩效考核（否则培训会变成自由逛街），优秀者以适当方式奖励。为什么要到竞争对手那里、而不是在自己商场里挑毛病？因为在自家商场里挑谁的毛病，等于是在砸谁的饭碗，一来会有顾忌，二来会影响员工关系，而到竞争对手那里挑毛病，谁也不会替他们掖着藏着，思考才能深入。

第三步，把发现的问题汇总分类，按大类商品分小组进行讨论。按"我们是否有同样的问题"，可以把问题分成三类。第一类问题，对手有，我们也有。那么问题的原因是什么、谁负责改、怎么改、什么时候改好、改到什么样才算好、谁去检查验收、改好了怎么办、改不好怎么办？把这些逐一落实。第二类问题，对手有，我们暂时还没有。那么怎样采取防范措施，让我们永远不可能有，或是大幅度降低其发生的可能性？第三类，对手没有，我们也没有，是我们故意为难他们才"制造"出来的问题，比如无理投诉等。那么将来如果也有人给我们制造问题，在前台无理取闹，我们应该如何应对？如何迅速判明问题性质，尽快把对方引向后台，把事件对公司的不利影响降到最低？亦即对一些可能会产生很大影响的小概率事件也要做出应急预案。把讨论结果记录在案，一式三份：公司营销副总一份，检查监督用；人事部留一份，考核验收用；各柜组一份，自己整改用。

这是一个真实案例。当时店堂装修已经开始，销售培训工作却还没有着落。解决问题的关键首先是思路：这些高档奢侈品怎么卖才能卖好，当时确实没人知道，但怎么卖卖不好却可以知道，把卖不好的问题解决了，不管是什么商品，估计就能卖好了。这实际上也是运用了下面所要介绍的反向思维法。在没有更好方案的情况下，这不失为解决当下问题的一种有效方法。

五、反向思维法

反向思维法，顾名思义就是把问题反过来想一下。正所谓"众里寻他千百度，蓦然回首，那人却在，灯火阑珊处"。这种简单得一句话就能说明的方法，在创造性解决问题过程中的作用却不可小觑。在此仅举二例。

空调销售有季节差价，淡旺季的价格可能相差好几个百分点，这对大的经销商来说意味着一笔不小的利润。国内市场上某地区的每年4月1日为淡旺季价格的调整日，之前为淡季价格，之后为旺季价格。从赢利的角度考虑，厂家当然希望能把旺季价格提前，但谁都不敢轻举妄动。因为谁提前调价，就意味着把自己的市场份额拱手相让给别人。国内某知名品牌在当年4月其他厂家已"按时调价"时却突然宣布，该品牌的空调淡季价格向后顺延一个月！这一下，经销商纷纷调整自己的订货计划，加大该品牌的订货量。一时间，该品牌的生产基地出现了集装箱卡车排长龙等待提货的奇观。等其他厂家反应过来时，这家知名品牌的空调已经拿足了订单，一举扩大了自己的市场份额。

假冒品牌一直是名牌产品的噩梦，对此，人们的第一反应往往是"打假"，但大张旗鼓地打假，等于是向消费者宣布市场上有大量假冒产品存在。消费者缺乏辨别能力，最稳妥的办法是转向购买其他同类产品。于是，不打假是"等死"，打假是"找死"，企业陷入了进退两难的境地。国内一家名酒厂问了自己两个问题：谁会造假？他们为什么要造假？结果发现，有些成规模的造假者的酒其实也符合行业标准，只是因为没有名气而销路不畅，造假是为了好卖。于是，这家名牌酒厂反向思维，变对抗（打假）为合作，根据市场情况合理布点，与一些有一定规模和基础的酒厂合作，帮助其改进勾兑技术，允许合作酒厂使用自己的品牌无形资产，打上同一集团的标识，只是所生产的酒为品牌系列中的中、低档酒。这样，合作酒厂有了生存空间，同时也为名牌酒厂守望着一方市场，不允许当地再出现假冒名牌酒。就这样，一个原本是两难的问题通过反向思维解决了。

六、缺点利用法

缺点利用法是反向思维法的一种特殊情形。对于缺点，正常的思路是"克服"，而反向思维则是"利用""发扬光大"。

低温粉碎技术就是这样诞生的。

第二次世界大战期间，武器专家发现金属材料在低温下会变脆，武器装备因而容易损坏。战后，军工专家们绞尽脑汁设法提高金属材料在低温下的韧性。有专家却反其道而行之，利用金属材料的这一"缺点"发明了"低温粉碎技术"，把要粉碎的物料放在极低的温度下进行研磨，使得物料不仅易于粉碎而且更加均匀。

把"失败"的结果转变为成功的产品，在发明史上也不乏其例。便利贴的发明即为一例。

研究人员本来想开发一种黏性很强的黏合剂，但不知哪个环节出了问题，得到的是一种黏性很弱的胶黏剂，这本来是一个"失败的"发明。但不曾想被一位聪明的工程师加以利用，开发成了一个可以赚取几十亿美元的商品。

1974年，3M公司的工程师亚瑟·傅莱参加礼拜时，习惯在歌本内夹张纸条作为标识，但纸条在翻页时容易脱落，他便想到：如果有一种胶，"有点黏又不会太黏，可以贴在纸条上，又可以重复撕贴，而不会破坏那张纸，那就太完美了！"于是，便利贴便诞生了。刚开始销售并不成功，后来营销人员把便利贴寄给了大企业的秘书们试用，结果一举成功。便利贴从此成为3M畅销不衰的商品。[1]

确切地说，有时所谓的缺点和优点，只不过是事物的一种特点。对人有利的时候被看作是优点，反之则被视作缺点。在创新过程中，牢记这一点是必要的：不要用僵化、固定的观点去看待可能有多样化特点的、变化着的事物。

七、希望点列举法

希望点列举法也可以看作头脑风暴法的一种变型，在其他规则相同的情况下，把讨论的要求聚焦于"提出希望"。

---

[1] 百度百科：便利贴。

在创造问题上，如果说主观条件方面有什么限制的话，那么只受制于人的想象力和创造力。希望列举法的要求是，不管能否做到，先把你所希望的东西列举出来。思路决定出路，不怕做不到，就怕想不到。想不到的事情人们不会去做，想到了，想想办法，持之以恒地努力，即使眼下做不到，将来后人也许终有一天能够做到。关于创造，提出问题比解决问题更重要。希望点列举法，就是这样一种促使人们提出问题的方法。

这一方法原理可以在干部管理培训中应用。

年终述职，这是很多企业和单位领导干部考评的常用方式。这种考评当然是有意义和重要的。考评不是秋后算账，惩罚和责任追究虽然也是必要的，但如果损失已经发生，则无论怎么责罚也于事无补。考评的目的不是责罚人，而是为了把事情做好。与其亡羊补牢，不如提前预防。"年初模拟述职"就是希望点列举法在企业培训和干部管理中的应用。

公司任务目标分解到各个部门之后，可以在年初的时候请部门主要管理者进行"年初模拟述职"——假设今天是年终最后一天，回顾一年的工作，你这个部门做得怎么样？这不是小孩儿过家家，你无权保持沉默，你所说的每一句话都会被记录在案。如果你敢吹牛，公司年终就找你要这些业绩。如果你甘于平庸想混日子过，不思进取和变革，或者是虽然想做好，却没有切实可行的思路和措施，那么现在就有可能撤了你！你的述职对象，就是企业的高管。这有点儿像学位论文的开题报告，高管利用自己的经验和知识，为部门工作把把关、号号脉，把可能的漏洞堵上，在关键环节上给予加强……这样，到年底时可以期望总结更好的成绩而不是教训。

希望点列举法在产品开发上也是种简便可行的方法。

洗衣机厂请"上帝"——顾客——参与设计，有顾客说希望洗衣机不用任何洗涤剂就能把衣服洗干净；有顾客说希望洗衣机不用波轮或滚筒，因为它们对衣物有磨损；还有顾客说希望洗衣机不用水就能把衣服变干净……乍听起来，似乎很不现实，很荒唐。

结果，根据前两条希望，新的洗衣方式诞生了——Luna 洗衣球！设计师先来了个反向思维：不再是把脏衣服放进洗衣机里，而是要把洗衣机放到脏衣服里面去。只需在 Luna 洗衣球中加入少量水，放入脏衣服桶中，它就可在表面创造出静电蒸汽，透过震动与脉冲在脏衣物之间流动来洗刷搓揉衣物，将脏污分离出来，随后这些污垢将随着水流吸入到球体内。洗完之后，还能利用热空气将衣服烘干。这种洗衣球的样品已经问世了。[1]

八、移植法

把一个领域里的方法用于解决另外一个领域里的问题，称为移植法。

所谓"他山之石可以攻玉"，就是移植法的作用所在。

英国著名的卡文迪什实验室一直以研究原子核物理见长，20世纪30年代，生物学家布拉格出任实验室主任，当时实验室有两位"怪人"，一位是赖尔，他想用雷达原理研究遥远的天体，另一位是佩鲁茨，他想用x射线观察血红蛋白。这两种想法一个是想把二战时期成熟起来的无线电（雷达）探测技术原理用于研究天文学，一个是用于生物学。当时许多核物理学家对此难以理解，甚至嘲笑他们在核物理专业研究室搞这些研究纯属"疯子""狂人"。但新主任布喇格支持了这两项研究。众所周知，前一研究开辟了射电天文学，后一研究催生了分子生物学，极大地推动了20世纪人类科学认识的发展。在这两个新学科方向上也出现了好几位诺贝尔奖获得者。[2]

九、组合法

把两个以上的事物组合起来解决问题，就是组合法。

组合法在技术发明中多有应用。常见的组合包括功能组合、特性组合、技术组合等等。

圆珠笔携带方便，但字迹时间长了会淡化，不能用于签署重要文件；传统钢笔字迹牢靠但灌墨水又不方便。于是，集圆珠笔方便性和钢笔字迹可靠性于一身的墨水宝珠笔诞生了。这种宝珠笔就是圆珠笔与钢笔的功能组合。

生物特性组合则为基因工程提供了丰富的思路，这是特性组合的情形。

计算机断层扫描与成像（CT）技术则是计算机技术与X光机技术的组合。CT的理论奠基者科尔麦克（Allan M. Cormack）和CT机的设计者豪斯菲尔德

---

[1]《极客酷品：放进衣服里的"洗衣机"》，《中国科学报》，人民网：http://scitech.people.com.cn/n/2014/0523/c1007-25055535.html。

[2] 解恩泽、赵树智主编：《潜科学学》，浙江教育出版社，1987年版，184页。

（Godfrey N. Hounsfield）因此分享了 1979 年的诺贝尔医学或生理学奖。

只要能够导致创新或解决问题，任何事物都可以用来组合。

十、系统综合法

系统综合法不是把两件或多件事情加以简单的组合，而是超越前者在更高水平上提出新的理论，同时把前者包括、整合在新理论之内。

系统综合法在理论创新中常可见到。

英国物理学家 J·J·汤姆逊发现了电子，荣获了 1906 年的诺贝尔物理学奖。1923 年，法国物理学家德布罗意在他当年发表的三篇论文（其中一篇为博士论文）中提出了物质波假说，他的论文因著名物理学家爱因斯坦的推荐而引起世人的关注。[1] 事实上，爱因斯坦早年提出过光的波粒二象性观点，海森堡以矩阵为数学工具，创立了"矩阵力学"为形式的量子力学理论，薛定谔在德布罗意物质波假说基础上建立了量子力学的另一种形式"波动力学"，建立了波动方程，微观领域物理运动的基本理论由此奠定。最终，1927 年，美国的物理学家 C·J·戴维森、J·J·汤姆逊的儿子 G·P·汤姆逊通过晶体衍射实验各自独立地证明了电子具有波动的特性。上述各位物理学家也都因自己的贡献而荣获了不同年份的诺贝尔物理学奖。德布罗意的物质波理论最终得到确证，人类对微观世界的认识得以向前跨越了一大步。就这样，到了 20 世纪 20 年代，从牛顿力学到相对论力学和量子力学，从描述宏观低速、宇观高速到微观高速领域的运动力学理论均得以完备形成，其间的等价关系也得到了科学的说明。[2]

本书第四章中提到的普里戈金创立耗散结构理论的过程，从方法上看，也可以说是系统综合法的范例。

系统综合法本质上是一种综合、整合的方法。只要理论存在不和谐之处，就一定有综合的必要和可能。这是一种发现理论非自洽性，从而发展出更高级别理论的思维方法。

---

[1] 百度百科：路易·维克多·德布罗意。
[2] 百度文库：1937 年诺贝尔物理学奖——电子衍射。

第三节 创造方法的简要讨论

创造有没有方法？答案应该是肯定的。每一个创造案例都同时展示了结果与过程之美，而方法就是在过程中体现出来的、对达成结果不可或缺的、独特的程序、操作或工具。

创造有没有相对稳定的（或被理解为固定的、程序化的）方法？答案可能是争论不休的。

反方会说，创造是一个充满未知的过程。在最终结果没有出现之前，问题本身是否成立？问题是否有解？怎样的解？怎样才能得到这种解？一切都是未知数。因此，如果有稳定、固定的创造程序，那么岂不是把创造问题交给计算机处理就可以了？而这显然是不行的。

正方也会说，创造是人类心智的一种高级活动。如果承认创造，包括对创造的研究（比如创造心理学），是一个科学的过程，那么无论怎样复杂，总有些内在、本质、必然的联系存在其中，方法也是这种联系的体现，揭示这些存在，正是科学的任务，也是科学本身存在的理由。"有没有创新的方法"和"创新的方法是怎样的"是两个不同的问题。

关于创造方法之争，站在任一立场上，似乎都是有理的。但二者的观点放在一起，又是彼此对立的。对于创新方法的研究，还有合理性或意义吗？

也许这些问题的争论，已经超出了心理学的范畴而进入到了哲学的领域。

如果把创造比作一个建筑的过程，创造的结果就是建筑物，那么建筑过程中的设计与施工规范、材料标准就是广义的方法概念。诚然，这些规范和标准并不等于建筑本身，它们也不会自动成为建筑。同样是使用这些规范和材料，不同的工程师从设计、施工到最后的结果都可能是不同的。然而，他们的建筑过程和结果可以不同，但他们要遵循的规范仍是有共同性的。这也许就是对方法之争的一种解释。换言之，在创造方法的存在与否以及作用有无等问题上，虚无主义的否定和绝对主义的教条都是不可取的。

本章所列的 l 种方法，更多的是作为一种创造过程中辅助思考的形式化方法，相对于"盲人瞎马"式的试错或茫然，这些方法至少提供了一种思考的支点或出发点。创造的方法是存在的，但它们不是创造过程中的教条，也不是一旦启用就能使创造问题迎刃而解的万能程序。方法只是工具，没有工具无法工作，但工具本身并不能代表工作。有了工具，还要看如何使用工具。缺乏工具、不能很好地使用工具，同样都会难以进行创新。

  回到前面提到过的观点上来，方法是一个开放的集合。创造的方法也和创造的过程、结果一样，是处于不断产生和发展的过程之中。创造的方法和创造本身一样，在客观条件既定的情况下，如果说还受什么条件的限制，那就是人的创造能力，特别是思维和想象的能力。有时候，正是方法的突破，带来了科学创造上的重大突破。

八 创造与人格

- 创造与人格概说
- 高创造力个体的人格特征
- 创造性人格的塑造

心理学中所说的人格就是人的个性。

在心理学中，人格有着确定的内涵，有着基本的、共同的结构概念，这使得研究创造与人格问题成为可能。但现实中每个人的人格特点都是不同的，世界上可以有两个遗传基因相同的人（同卵孪生），但却不可能有两个人格特点完全相同的人。这使得深入具体地研究人格与创造的关系问题成为必要。

第一节　创造与人格概说

一、人格的概念

在普通心理学看来，人格或个性是一个人的整体精神面貌，是表现在一个人身上的那些经常的、稳定的、本质的心理倾向和心理特征的综合。

人格包括个性心理倾向和个性心理特征。

个性心理倾向包括需要、动机、兴趣、信念、理想、价值观和世界观。

需要是人为求得生存与发展而对一定的对象所产生的渴望和向往的心理倾向，是个性中最基本的东西，在需要的基础上产生的动机、兴趣、信念、理想、价值观和世界观都可以看作是需要的不同表现形式。需要的指向性和满足途径决定其社会价值和社会评价。

把从事科学技术研究或发明创造作为人生需要，为社会文明发展做出自己的贡献，无疑是一种积极乃至崇高的需要。

个性心理特征包括能力、气质与性格。

能力是顺利、有效地完成任务所必需的心理特征。顺利是"快"，有效是"好"，无论面对什么任务，在大家都能做好的情况下你比别人快一点，或者在大家都能很快做完的情况下你比别人做得好一点，都是你能力强的表现。如果任务完成得又快又好，那就是能力非常强的表现。创造就是解决难题。那些杰出的思想家、科学大师、发明巨匠都是在解决人类认知与生存难题时走在了时代前沿的人。能力的有效组合谓之才能，天才则是在某些方面有杰出的才能。

气质是人的高级神经活动的动力特征。古希腊的医生希波克拉底最早注意到了人的气质类型差别，在科学尚不发达的古代，他用臆想的四种体液（血液、粘液、黄胆汁和黑胆汁)解释气质差别,将人的气质分为胆汁质、多血质、粘液质和抑郁质四种基本类型。巴甫洛夫在科学实验的基础上揭示了高级神经活动具有兴奋与抑制两种基本过程,这些活动存在强度、平衡性和灵活性上的差别,从而把气质学说奠立在科学的基础之上。心理学沿用了古希腊的四种气质命名。四种气质类型的特点见下表。

四种气质类型及其特点

	胆汁质	多血质	粘液质	抑郁质
活动强度	强	强	强	弱
兴奋抑制平衡性	兴奋>抑制	平衡	兴奋<抑制	兴奋<抑制
转换灵活性	差,易兴奋	灵活	差,易抑制	差

性格是人对现实的稳定态度以及与之相适应的习惯化的行为方式的总和。如果说,气质反映高级神经系统的特性,更多的是一种"特点",因而无所谓"好坏",那么性格则存在社会评价。比如,积极、友善、开朗、诚实的性格受人喜爱,自私、暴戾、偏狭、懦弱的性格则不会为人所称道。

二、创造与人格的一般关系

讨论正常人的人格问题,主要是普通心理学和人格心理学的任务。本章就创造与人格的关系进行一般的讨论,并不拘泥于上述心理学科的系统的人格理论框架。

在前面的章节中,我们曾就创造过程中的认知、情感和意志过程特点进行过讨论。现在,再加上个性心理倾向和个性心理特征,这些过程和特点在创造主体人物身上的具体组合和表现,就形成了他们的人格特点。

创造与人格的关系,可以从以下几个方面来看。

1. 创造需要集真善美于一体的健康人格

任何创造都需要面对现实、尊重事实、尊重科学、尊重规律。这就首先要求创造者有诚实的品格,这是"真"的要求。创造同时也需要尊重和承认别人同样的权利与劳动成果,善于与人合作,这种道德伦理的要求体现的是"善"。

创造追求的是一种新颖、极致、完善的变化，这是对美的要求。崇尚真、秉持善、追求美，这自然也是创造者所要具备的人格特质。这是一种集真、善、美于一体的健康人格。

2. 创造的持久动力源自内心的需要

人的任何活动都有其目的性或功利性，或为内心所需，或为利益所求，创造也是如此。人的活动如果看重的仅仅是活动所能带来的结果，则其活动动机为外部动机；如果兴趣所在为活动本身，在于活动本身给自己内心带来的满足、愉悦或成就感，则为内在动机。

相较于外部动机，内部动机能够为创造活动提供更加持久和恒定的动力。爱因斯坦认为："有许多人所以爱好科学，是因为科学给他们以超乎常人的智力上的快感，科学是他们自己的特殊娱乐，他们在这种娱乐中寻求生动活泼的经验和雄心壮志的满足。"[1] 这样说，并不意味着否定外部动机也是创新的动力。但如果创造活动的外部动机过于强烈，甚至强烈到成为唯一的动机，则创造活动危殆。当创造活动取得初步进展，进一步深入更为困难时，强烈的外部动机者可能会"获利了结"、浅尝辄止；当创造活动遭遇挫折时，则可能会因为对结果的无望而彻底放弃。此外，过于强烈的外部动机，如果再遇上制度漏洞和监管缺失，则极易导致不端行为。在创造问题上，急功近利的行为者和管理者会共同毁掉创造活动本身。

创造活动从来就不可能是一蹴而就的。科学上的突破更是需要经年累月的坚持甚至几代人的努力。在很多时候，人们不确定能否得到成功的结果，甚至都不知道自己所从事的活动能得到怎样的结果。越是在这种情况下，对创造活动本身的兴趣和痴迷，往往就成为使活动得以坚持下去的力量，甚至是唯一的、最终的力量。

3. 创造需要同样优秀的智力与非智力因素

社会上流传一种说法：智商决定成就的大小，情商决定成就的有无。形而上学的思维方式总是喜欢用对立的、割裂的、片面的、静止的、绝对的观点看待和讨论问题。在这里姑且不去讨论"情商"概念的科学性，至少到目前为止，

---

[1] 赵中立、许良英编译：《纪念爱因斯坦译文集》，上海科学技术出版社，1979年版，第40页。

"情商"尚不是严谨的心理学的科学概念。在创造问题上必须强调一点：创造需要同样优秀的智力与非智力因素。二者在不同的创造过程中扮演的角色可能不同，显示的重要性或关键作用亦可能不同，但它们的关系是相互协同，而不是相互对立、非此即彼的。创造的难度越大，对二者的要求也会同步增加。

4. 良好的人格结构是创造的必要条件

创造与人格的关系不是简单的线性关系。良好的人格结构只是创造的必要条件而非充分条件。良好的人格特点有利于创造活动的进行和成功，但不等于说，有了良好的人格特点就必定会在创造中取得成功。因为创造的成功除了人格等主观因素影响之外，还受客观条件的制约。良好的人格因素对于创造活动有对外和对内两方面的意义。对外，更多的是有利于得到他人的理解、支持与合作，减少社会关系方面的干扰和阻力，有利于得到更好的社会支持和机会。对内，则有利于创造者保持内部动机的持续和平稳，为创造活动提供健康的心理保证。

第二节 高创造力个体的人格特征

在创造活动中表现出杰出才能、取得卓越成就的高创造力个体，在人格特征上与一般人有无什么不同？高创造力个体的人格特征主要有哪些？这些特征是先天就有的还是后天形成的？这些一直是创造心理学所关心的问题。国内外的学者们对此进行了大量的研究。由于缺乏统一的研究规范，学者们都在用自己的方式和方法表达各自的研究结果，这给整理工作带来了一定的困难。

一、不同创造力个体的人格特质差异

20世纪60年代初，美国加利福尼亚大学人格评价研究所的学者通过调查和研究发现，创造力水平高低不同的人在许多人格特质上存在显著差异。高创造力科学家的共同特征包括：高度的自信和自我控制能力，情绪稳定，很强的独立性，智力超常，喜爱抽象思维，在人际交往方面喜爱独处，喜爱秩序性和精确性，对矛盾和障碍往往表现出极大的兴趣等。

1980年,在第22届国际心理学大会上,美国学者戴维斯做了如下总结:"具有创造力的人,独立性强,自信心强,敢于冒风险,具有好奇心,有理想抱负,不轻听他人意见,对于复杂奇怪的事物会感受到一种魅力,而且,富有创造性的人一般都是具有艺术上的审美观和幽默感……,他们的兴趣爱好既广泛又专一。"[1]

W·H·詹森贝蒂概括了发明家的十大人格特点:

(1)无所畏惧的气质,使他们为自己的发明创造不惜冒险。
(2)从不计较别人的嘲笑。
(3)执著追求,对所从事的试验自始至终保持极大的兴趣。
(4)别具一格的孤独性格,为他们赢得了充足的构思时间和旺盛精力。
(5)力求完整化的心理,促使他们不懈努力。
(6)对自己的试验充满信心,坚信试验成功后将会产生的价值。
(7)永不衰退的好奇心,为他们提供了灵感的机遇。
(8)强烈的好胜心,促使他们向未知世界挑战。
(9)如痴如呆地思索,沉醉于试验。
(10)不受外来干扰,正确选择课题。[2]

二、高创造力个体的兴趣特征

学者们的大量研究都注意到,高创造力个体在兴趣特征上的表现与众不同。

兴趣是与积极、肯定的情感体验相伴的一种积极探索事物的心理倾向。

兴趣具有四个方面的品质:指向性、广泛性、持久性和效能性。

指向性是指对什么感兴趣。指向性存在社会评价,其品位有"高低好坏"之分。广泛性是兴趣的空间特性,表现为兴趣范围的大小。持久性是兴趣的时间特性,表现为兴趣稳定地指向对象的持续性。效能性则指兴趣能否引起有效的活动。兴趣是对事物的一种认识倾向,爱好则是一种行为倾向,也是兴趣效能性的表现。

---

[1] 郑日昌编著:《心理测量》,湖南教育出版社,1987年版,第380~381页。
[2] W·H·詹森贝蒂,国强、文军译:《发明家性格十大特点》,《科学画报》,1987年第10期。

高创造力个体的兴趣品质在内容上与一般人无异，但在程度上有明显的不同。主要表现为：对创造问题表现出强烈的指向性，兴趣广泛，对兴趣对象能保持长期、稳定、持之以恒的关注，对所关注的问题总是想方设法地去探索究竟。不仅如此，高创造力个体对所感兴趣的问题甚至会由最初的"有趣"发展为"乐趣"，进而成为"志趣"，成为终其一生的事业，由最初的一般探究倾向升华为一种毕生的科学信念与人生目标，以终生的热情和坚韧不拔的毅力去追求、去探索。

爱因斯坦认为，兴趣和爱好是最好的老师。这既是他的经验之谈，也是被科学史上众多成功者的经历所一再证明了的事实。

量子力学的重要创始人之一，奥地利物理学家薛定谔评价自己说："我是一个好学生，并不注重主课，却喜爱数学和物理，但也喜爱古老语法的严谨逻辑。我只是嫌恶去记忆'偶然'历史性的和传记性的年代及史实。我喜爱德国诗人，特别是剧作家，但是嫌恶对他们作品的烦琐剖析。"[1]

诺贝尔物理学奖获得者丁肇中也说过："任何科学研究，最重要的是看对于自己所从事的工作有没有兴趣，换句话说，也就是有没有事业心，这不能有丝毫的强迫，……比如搞物理试验，因为我有兴趣，我可以两天两夜，甚至三天三夜待在实验室里，守在仪器旁。我急切地希望发现我所要探索的东西。"[2] 认知心理学家皮亚杰也认为："所有智力方面的工作都要依赖于兴趣。"[3]

1988年，《美国科学家》（American Scientist）为纪念创刊75周年，向不同学科领域的75名美国著名科学家提出了一个共同的问题：使你成为科学家的原因是什么？归纳结果，占第一位的原因是对大自然的好奇心和对科学的兴趣（43%）；其他原因包括：出于对科学的重要意义和作用的认识而愿为之献身（17%），家庭的启蒙和诱导（19%），学校和教师的教育与培养（21%），受科普宣传的影响（20%）。[4]

兴趣之于创造非常重要，概因兴趣是一种源自内心的认知需要，是创造的

---

[1] E·赫尔曼，尹鸿钧译：《薛定谔》，《科学与哲学》，1980年第1—2期。
[2] 顾迈南、保育钧：《丁肇中教授谈科学实验》，《光明日报》，1979年10月7日。
[3] 皮亚杰著，傅统先译：《教育科学与儿童心理学》，文化教育出版社，1981年版，第161页。
[4] American Scientist 编辑部，王乃粒译：《使你成为科学家的原因是什么？——75名科学家的回答》，《世界科学》，1989年第6期。

内在动机之源，因而能够为创造提供稳定的、持久的动机支持。

三、高创造力个体的智力特征

智力是人的一般能力。不同的心理学家对智力抱持不同的理解和理论，在此不一一赘述。以韦克斯勒智商测验的操作性定义为例，智力是以知识为基础，包括记忆力、抽象概括能力、基于空间与时间线索的判断与思维能力、逻辑运算能力等等。

高创造力个体的智力特征突出表现在其思维的品质上。他们富有批判性精神，敢于质疑，思维独到、深刻，富于想象力和判断力，思维敏锐、严谨。

在当今信息时代，获得和拥有知识信息并不难，难的是对信息的理解和运用。高创造力个体对信息的理解和运用能力有异于常人。诚如控制论创始人N·维纳所言："从控制论观点来看，语义学上有意义的信息是通过线路和滤波器之后的信息，而不是只通过线路的信息。换一种方式讲，当我听一段音乐时，大部分声音进入我的感官，并到达大脑，但如果我缺乏欣赏音乐的起码能力和必要训练的话，这种信息就不能发生什么作用；但如果我是一位训练有素的音乐家，那么这种信息就碰到一种有解释能力的结构或组织，它就能将音乐的模式表现成一种有意义的形式，并导致审美的鉴赏和深入的理解。"[1]

四、高创造力个体的人际关系特征

人际关系特征是指在创造活动中表现出来的与人交往方面的人格特点。

与智力特征表现的相对集中不同，高创造力个体在人际关系特征方面的表现具有较大的发散性。这也许和创造任务的性质与特点有关，个体差别在某些方面可以较大。比如逻辑推演类的理论思考需要集中注意力，这类活动不喜欢外界的干扰，倾向于独处，至少在从事创造性工作时如此。而需要团队合作、智力相互激励的创造性活动，则需要包容、亲和、热情、坦诚、合作、乐于助人、具有利他性与凝聚力，富于幽默感也是很好的人际关系特征。

现代遗传学的创始人摩尔根的朋友、同事和学生在回忆摩尔根时，都说"他是一个思想明快、判断敏锐和富于幽默的人。他虽然很少表露自己内蕴的情

---

[1] [美] 诺伯特·维纳，钟韧译：《维纳著作选》，上海译文出版社，1978年版，第123页。

感,但还是受到人们极大的爱戴,对于他的许多学生来说,他既是他们的老师,又是他们个人的朋友。他常常用自己的积蓄支付实验室助手的奖金。……他一直被人们描绘成一个穷根究底、讲究实际和敏于感受的人。他毕生都进行着细心的探索,发奋获取新思想。作为一个艰苦卓绝的工作者,他在追求自己的科学兴趣时是满腔热情而又不顾一切的。他很少休假,在哥伦比亚大学的二十四年中,他只利用过一次休假年(那是在1920年—1921年,他到斯坦福大学继续研究遗传学和胚胎学)。他虽然繁忙不堪而且全神贯注于工作,但他总是每天都抽出一小段时间同家人共度。"[1]

著名物理学家劳厄将他获得的诺贝尔奖金的三分之一给了他的实验助手们。半世纪后,弗里德里希在回忆发现伦琴射线干涉现象、与劳厄共同工作的情况时说道:"同麦克斯·冯·劳厄合作的年月,由于他那善于同人合作的胸怀和有着高度集体观念的性格,永远是我一生中最美好的回忆。"他回忆说,劳厄的性情开朗,很会讲笑话,对艺术很感兴趣,喜欢音乐,爱听古典作品,演奏过钢琴,最有趣的是,他是色盲,但仍喜欢欣赏绘画大师们的创作。[2] 普朗克说他像是"时刻准备帮助人的、新一代科学家的靠山"。他亲手签署的介绍信在科学界具有重大的分量,敲开了许多大门。[3]

总的说来,创造活动需要了解他人的研究成果、与人交流,创造活动是高智能的社会活动,需要社会条件和社会支持,因而决定了高创造力个体通常在人际关系特征方面表现出真诚、友善、包容、合作的共性。

五、高创造力个体的自我特征

"自我"是社会心理学的概念,指一个对自己的体验和认知。

自我对创造的意义在于对自己的能力是否有恰当的评估,自我评价过低(如自卑)会影响人的信心和动机;过高则为自负,容易导致不切实际的幻想和决策,从而增加失败的风险。高创造力个体的自我特征是自信、自立、自律、自省、自觉和自强。

---

[1] E·A·加尔兰德,庞卓恒译:《摩尔根的个性特点》,《科学与哲学》,1980年第1—2期。
[2] 弗里德里希·赫尔内克著,徐新民、贡光禹、郑慕琦译:《原子时代的先驱者》,科学技术文献出版社,1981年版,第220页。
[3] 同上,第239页。

自信是在对自己的优势与不足有较为客观的认识的基础上形成的，是对自己的恰当评估。自信的人既不会狂妄自大，也不会妄自菲薄。自信的人会理性地评估自己所处的情境和主客观条件，做出可靠的决策和行动。自立是保持独立的自我，既不刚愎自用，也不人云亦云。自律是对自己的约束，不骄不纵。自省是对自己所作所为的检点，不抱守残缺、不文过饰非，该坚持的坚持，该改变的改变。自觉则是高创造力个体自我的突出特点，创造活动有时如黑夜中踯躅，看不到星光甚至辨不出方向；有时又如荆棘中前行，虽奋力披荆斩棘、伤痕累累，却仍举步维艰。创造者是走在时代前面的人，孤独是常态。孤立无援时，能支撑自己的，只有内心的信念和自觉。创造者的自我，显露其外，便是自强。

因对光纤通讯技术做出突出贡献而荣获2009年诺贝尔物理学奖的高锟，在20世纪60年代刚刚从事光纤通讯研究的时候，遭遇过很多挫折。在最困顿的时候，他自信地告诉妻子，他正在做一件未来"会震惊世界"的事情，妻子戏谑地回应："是吗？那你会因此而得诺贝尔奖的，是吗？"结果，当初的戏言后来果然成真。[1]

2013年的诺贝尔化学奖得主马丁·卡普拉斯（Martin Karplus）就是一个在别人不敢想象和问津的领域里无畏前行的人，他开创了计算生物学。20世纪70年代，计算机只能模拟几个皮秒（1皮秒等于一万亿分之一秒）的运动，用来做小分子量子化学计算已经很不容易，但他却开始计算蛋白质大分子，而且是把量子化学和分子动力学结合起来计算，而几个皮秒蛋白质根本动不了什么。用那样的计算工具做费时费力的大计算量工作，往往要几个月甚至几年的反复计算才会有结果。如果结果不符合实验就等于白做了！但他坚持下来并且成功了。[2]

自我对创造的意义还在于为从事创造活动的个体提供内在的心理支撑。人的需要、兴趣、动机需要自我来维护，人的信念、理想、价值观最终都是通过自我表现出来，人的外部社会支持系统最终也要通过自我转化为个体内在的支持力量。当外部社会支持缺乏或不良时，自我便成为人的唯一而重要的内在支

---

[1] 钟闻：《昔日戏言得诺奖，今朝梦想成真》，《北京青年报》，2009年12月10日。
[2] 周耀旗：《2013年诺贝尔化学奖——马丁·卡普拉斯》，科学网。

撑。在创造过程中遭遇重大阻力和挑战时，高创造力个体的自我支撑作用就显得尤为重要。自我是核心阵地，守住核心阵地才能收复和扩大外围阵地。如果没有坚强的自我，即使外部支持条件再好，也难以坚守下去。

1884年，瑞典青年化学家阿列纽斯在他的博士论文中提出了电离学说，与新学说常有的遭遇一样，这一学说当即遭到了一些"学术权威"们的反对。在乌普萨拉大学他的博士学位答辩会上，教授们"个个怒不可遏"，认为"纯粹是空想""无稽之谈""荒谬绝伦"。甚至连俄国的门捷列夫、英国的阿姆斯特朗、法国的特劳白、德国的魏特曼等这样一些当时著名的化学权威都加入到了激烈反对者的阵营，形成了一个国际反对阵线。他们都认为阿列纽斯的电离学说违背了戴维和法拉第建立的经典电化学理论，是"奇谈怪论"。阿列纽斯坚信自己的理论是正确的，没有屈服于权威的压力。他将论文分别寄给奥斯特瓦尔德、范霍夫、克劳修斯和梅耶尔等著名化学家，得到了他们的理解和支持，后来他又和奥斯特瓦尔德和范霍夫三人组成了"离子主义者联盟"与反对者论辩，逐渐建立和扩大自己的社会支持系统。1889年，门捷列夫发表《溶质离解简论》时仍继续抨击电离学说。阿列纽斯立即撰文反驳，明确表示"不能同意这位伟大的俄国化学家的见解"。在坚强自信的坚守下，1903年，阿列纽斯获得英国皇家学会的戴维勋章，同年又获诺贝尔化学奖。[1]

在技术创新领域，高创造力的个体也有类似的表现，甚至更为执著。

美国硅谷创业者们的背景、职业方向、教育程度和脾气禀性各不相同，但他们都有一些共同点：不安于现状。他们宁愿抛弃在一家成熟的公司所做的比较熟悉又报酬优厚的工作，也要去开创自己的事业，宁愿把未来和前途把握在自己手里。

风险资本家要求自己所支持的企业家具有这样的品质：诚实，正视错误和在不同环境下灵活相处的能力，绝对的献身精神，对成功的渴求，以及在管理和技术知识方面的坚实基础。正如一位风险资本家所说的："干房地产生意的关键是选好地点，干风险资本这一行的诀窍是选好人才。"比奇·约翰逊把强烈的感情和决心作为成功的企业家的标志，风险资本家唐·瓦兰丁说："我要的是那些智商140的极端利己主义者，那些有一股闯劲儿，难和别人共事的家伙。"

---

[1] 解恩泽、赵树智主编：《潜科学学》，浙江教育出版社，1987年版，第110～111页。

瓦兰丁是一位著名的风险投资者,他在过去十年内已投资七千万美元,资助了四十家公司,包括苹果、阿塔里和阿尔托斯电脑公司。[1]

第三节 创造性人格的塑造

讨论高创造力个体的人格特征,并不意味着从事创造活动的人必须是"完人",也不意味着从事创造活动就能够而且首先应该把自己塑造成完人。理论分析只是指出了发展的方向和可能,至少这些人格特征是有利于创造活动的进行,有利于做出创造性成果的。

一、人格是否可塑

人格是先天遗传的,还是后天形成的?

1979年,美国明尼苏达州大学的托马斯·鲍查德、戴维·莱肯等人开始研究遗传基因在决定个人心理品质中所起作用的大小。他们找到了56对早年分离、成长环境不同、成年后才在这个研究中相聚的同卵孪生子,他们分别来自美国等8个国家。每一名被试都做了4种人格特质量表、3种能力倾向和职业兴趣问卷以及两项智力测验;填写了一张家用物品清单,如家用电器、艺术品、书籍等,以评估其家庭背景的相似性;填写了一张家庭环境量表以测量他们对养父母教养方式的感受。心理学家还对每一位被试进行了三次访谈,了解他们的个人生活史、精神病史及性生活史。每名被试的所有项目都是分开独立完成的,以免双胞胎之间相互影响。

研究结果令人惊讶:这些遗传基因相同的同卵孪生被试,即便从小分开抚养且生活条件大相径庭,他们长大成人后不仅在外表上极为相似,而且其基本心理和人格特点也惊人地一致。[2] 但研究者也指出,从上述结果并不能得出结论说,人的心理和行为都是由基因先天决定的,后天的环境因素无关紧要。

---

[1] 袁路阳、赵曦林.《硅谷探奇》,科学普及出版社,1985年版,第107~111页。
[2] [美]罗杰·霍克著,白学军等译:《改变心理学的40项研究(第5版)》,人民邮电出版社,2010年版,第24~25页。

关于基因和环境对人格的作用，心理学家的结论是："完整的人格是通过遗传和经验的相互作用而塑造起来的。"比如智力，"虽然 IQ（智商）差异中的 70% 要归因于先天的基因不同，但仍有 30% 可归因于环境的影响。这些影响包括我们众所周知的因素，例如教育、家庭环境、毒品和社会经济地位等。""人的特性是由遗传和环境的综合影响决定的。所以，当环境因素影响较小时，其差异更多地来自遗传，反之亦然：对某些特性而言，如果环境因素对其影响较大，则遗传的影响就较小。"

研究者还提出了一个有趣的观点："并非环境影响着人的特性，恰恰相反，是人的特性影响着环境。"[1] 例如，有些孩子一出生就比别的孩子情感更丰富，这种倾向使他们能够对父母的爱作出更主动的反应，这也强化了其父母的行为。

虽然人格有遗传的因素，但后天的环境（教育、管理、社会等）对人的影响也不可忽视。

心理学家们对环境因素与大脑发育的关系进行了长期的实验研究，包括用核磁共振成像方法测量大脑组织的变化；以绿色荧光蛋白为标记物，当细胞分裂出新细胞时，精确地测量大脑的变化；通过解剖等方法明确大脑的重量、细胞与细胞的连接性甚至神经键的密度。结果发现，良好的环境刺激可以从多方面影响大脑。这些影响至少表现在以下六个方面：[2]

（1）新陈代谢：增加大脑血液流量，提高大脑中有益化学物质的水平。

（2）解剖结构的改善：加厚大脑皮层，神经元变得更大，组织结构也更完善。

（3）连接性的提高：脑神经回路增加，神经元之间的联系分叉增多。

（4）反应和学习效率：电信号、细胞活动效率和神经元的反应能力都大大增加。

（5）神经生成与生长因子的增加：促进新的脑细胞生成，维系大脑生存的特殊蛋白增加。

（6）脑损伤与系统紊乱的恢复：对大脑的遗传性紊乱、脑损伤的功能恢复

---

[1] [美] 罗杰·霍克著，白学军等译：《改变心理学的 40 项研究（第 5 版）》，人民邮电出版社，2010 年版，第 27 页。

[2] [美] Eric Jensen 著，杜争鸣、钱婷婷译：《聪明的秘密》，华东师范大学出版社，2008 年版，第 42～43 页。

有积极影响。

二、创造性人格的塑造

　　心理学家关于遗传与环境在人格发展中的作用的研究，为创造性人格塑造提供了科学的依据。科学史上高创造力人物的"家族背景"与"师承背景"现象也就不难理解了。科学史上的高创造力个体往往有家族背景，如因研究电子的粒子性和波动性而先后获诺贝尔奖的汤姆逊父子，可以理解为遗传与环境的双重优化作用。以英国卡文迪什实验室和丹麦哥本哈根理论物理研究所为代表的科研群体，都培养出了一批诺贝尔奖获得者。获奖者在智力上都是佼佼者，但与同时代那些智力同样优秀却无缘诺奖的人相比，他们在学术传统上与前辈师长的师承关系以及所在学术团体的环境助长因素是值得注意的。在智力同样优秀的情况下，后天的环境不同造成了两者的巨大差别。

　　益智心理学研究给出了改善心智的七条法则，对于创造性人格塑造来说也是有参考价值的。[1]

　　1. 积极运动

　　动物实验表明，与不爱运动的个体相比，爱运动的个体大脑功能更强，也更聪明。

　　受益于运动的不仅仅是大脑。适度运动对机体的有益作用是整体性的，比如增强对活动的耐受性，使机体能够承受更长时间、更大强度的活动，在活动中始终保持充沛的精力；改善睡眠，让机体更容易从疲劳中恢复过来等等。

　　科学史上的一些高创造力个体在运动方面的成就甚至不亚于他们在科学上的成就。例如，N·玻尔在青年时代曾是位热情的足球运动员，有段时间他和他的兄弟哈拉德（数学家）还曾是国家队的队员。1922年，当他在斯德哥尔摩领奖时，有一家丹麦报纸的标题是：授予"著名足球运动员尼尔斯·玻尔"诺贝尔奖。玻尔还喜欢带学生和助手一起去滑雪。[2]

---

[1]［美］Eric Jensen 著，杜争鸣、钱婷婷译：《聪明的秘密》，华东师范大学出版社，2008年版，第48～56页。

[2] 弗里德里希·赫尔内克著，徐新民、贡光禹、郑慕琦译：《原子时代的先驱者》，科学出版社，1981年版，第264页。

1945 年与弗莱明、弗洛里共同分享诺贝尔医学或生理学奖的德裔英国生物化学家钱恩（Ernst Boris Chain）七年后参加赫尔辛基奥运会，夺得帆船项目的金牌。

2. 新颖、富有挑战性的、有意义的学习

与死记硬背、被动驱使的学习者相比，那些积极、自觉地学习新知识和新技能的人会形成更好的学习能力。脑神经科学家迈克尔·吉尔加德和迈克尔·默茨尼克通过实验发现，只有在确认一件事情值得学习的时候，大脑某一区域才能被激活。没有这个激活过程，大脑便无法产生形成记忆的乙酰胆碱，也就无法保存新学的东西。这也从脑神经机制上解释了为什么"兴趣和爱好是最好的老师"。

3. 积极、丰富的生活内容与环境

20 世纪，美国伊利诺依大学的心理学家比尔·格里诺在实验室利用老鼠进行复杂环境的影响实验。他的研究生经常用硬纸板做成各种玩具小屋，里面有好多房间、门、特制的斜坡和出口，还有钢丝等等，以提高实验的难度。复杂环境还意味着个体要尽可能地与其他个体接触，学会相处和共同生存。复杂性意味着多样性、挑战性和外界环境改变的不可预知性。实验发现，在复杂环境中生活的个体，大脑变得越发复杂，功能也更加全面。

具有悲剧意味的是，比尔·格里诺的突破性研究当时并不被人理解，他投给一家著名科学杂志的研究报告很快被退了回来，他所在的大学也解除了与他的长期聘用关系。

科学的发展会经历曲折，却不会倒退。比尔·格里诺的研究不断地被后人重复和证实。

近年来的研究发现，复杂环境甚至可以改变神经生长因子的主要部分，从而维持大脑的健康状态。美国加州大学的鲍勃·雅格布斯发现，学习者的学习生涯越具挑战性和复杂性，大脑能生成的树枝状生长和连接点便越多。他以 20 多岁的大学生为研究对象，发现学生的生活越丰富，其大脑便会越复杂。

动物的对照研究也发现，空虚、无聊的环境有碍大脑树状细胞的成长。动物实验的结论虽然不能简单地类推到人类，但生活内容的丰富性和环境复杂性对大脑结构和功能的发展确有积极的作用，这对于塑造创造性人格也具有参考价值。

中国俗语"脑子越用越活",这一说法已经得到了当代心理科学的实验证明。最后再强调一下,复杂环境的三个标准特点是:多样性、挑战性和不可预测性。这样的环境有利于大脑的发展,也有利于创造性人格的塑造。

4. 可掌控的压力水平

心理学告诉我们,动机强度(从而也是压力水平或紧张程度)与效率之间的关系是一条倒 U 曲线。适度的动机强度和压力水平能够激发和提高人的活动效能,但当动机过于强烈、压力超过一定的阈值时,人的活动效率反而会下降。

神经生理学的实验发现,当神经末梢与压力感触器接触时,其长度减少了 18% 至 32%。精神紧张会减少新的神经元的生成。这也从细胞水平上解释了为什么过分紧张会降低人的认知水平。

对于同样有压力的活动,喜欢和不喜欢该项活动的人,对压力的认知和体验是不同的。喜欢者会将其看作是一件乐事,所谓苦中作乐,苦亦是乐,不喜欢者则会将其看作是一种磨难,必欲尽快逃之而后快。二者的抗压能力表现会大相径庭。因此,树立崇高的理想,对创造活动有着发自内心的热爱,喜欢应对困难和挑战,这些过去看似属于"思想政治工作"范畴的内容,对于从个性心理倾向方面改变对创造过程中的困难与挑战的认知与体验,提高人的心理抗压能力,进而保障创造活动的坚持与成功,显然具有积极的意义。

5. 社会支持

人不是孤立的社会存在,而是社会性的动物。人的生存与发展都离不开一定的社会环境和条件。人与环境的相互作用成就了现实的人格。

社会支持的意义首先在于影响个体的自我概念,进而影响人的自我期望和行为。那些人格成熟、心理健康的人,通常都有一个良好的社会支持系统,包括亲人、同事、团队乃至大的社会环境。良好的社会支持系统给人以安全感、价值感和社会认同感。

社会支持的意义还在于为个体的发展提供了一种良好的刺激。动物实验表明,与单纯良好的自然环境相比,社会环境在个体的发展中具有更重要的作用。同时具有良好自然环境与社会环境的个体,获得了两大生长因子,从而提高了人脑的可塑性和对环境的适应性。心理学家埃里克·杰森认为"社会影响给人脑带来的不只是基因表征，还包括基因组成"。2000年诺贝尔医学或生理学奖获得者埃里克·坎德尔认为，"基因研究表明，社会环境、情绪变化以及信仰系统三者的影响力足以改变基因表征"。

在面对环境时，人与动物很重要的一个区别就是动物通常只能被动地适应环境，而人则可以主动、能动地选择和改变环境。成熟的人，一方面是良好环境的受益者，另一方面也是良好环境的建设者。人可以选择不同的人做朋友，也可以选择不同的社会关系来建立自己的社会支持系统。人应该选择那些积极、健康、向上、友善、睿智的人做朋友，并据此建立自己的社会支持系统。

6. 良好的营养

以老鼠为实验动物的研究表明，营养供给能对学习与记忆产生积极的影响。与营养不平衡的老鼠相比，那些营养平衡的老鼠其空间辨别能力有显著的提高。

一个以新生儿到7岁不等的幼儿为对象的研究表明，营养供给对认知能力有长期影响。10年后，这些孩子无论是计算能力、阅读水平还是词汇测试分数都有很大的提高，到了11—26岁年龄段，他们比普通对照组的孩子有更高的社会经济地位。另一项以学龄前儿童为对象的研究显示，营养供给良好的孩子，到了17岁和23岁的时候，孩子的反社会倾向就不明显。

营养不仅有质和结构的概念，还有量的概念。研究者通过观察和对比研究发现，饥饿与营养不良有损健康，对人的行为和认知能力也产生不良影响。吃得太多也会影响大脑的发育和工作效率。科学家们认为，吃得少些但精致些，可以比一直进食的状态下生成更多的脑细胞。适当控制食物的摄入总量，吃得少而精致，减少体内的自由基，可提高大脑的工作效率，最大限度激发人的智力潜能。

7. 充足的时间

无论动物还是人类，也无论是认知还是行为，通过短期的强化学习也许会产生明显的效果，但只有持之以恒才能保持效果。能力的发展、态度的形成、人格的塑造也都是如此，非一朝一夕即可毕其功于一役的。

由于人格的多样性和复杂性，创造与人格的关系也许是创造心理学中最难研究的领域。可以肯定的是，创造需要健全的人格，而健全的人格有利于创造。

九
创造过程与人际相互作用

- 创造过程中的人际相互作用
- 科学群体
- 权威人物的影响

创造过程需要人与人之间的交流与合作。人与人之间存在相互作用，这种作用既有直接的，也有间接的，既有个人之间的，也有个人与组织、组织与组织之间的。

了解创造过程中常见的人际相互作用现象，正确地理解和处理人际相互作用问题，会有利于创造活动的进行。

第一节　创造过程中的人际相互作用

一、人际相互作用的概念

创造过程中的"人际相互作用"广义上是指创造过程中人与人之间各种相互影响的情形，包括直接的和间接的、个人的和组织（及社会）的。创造个体与社会之间的相互作用问题将在下一章中讨论。本章主要讨论创造主体之间的相互影响，以及创造主体与各种相关组织之间的相互影响问题。

创造过程中的人际相互影响是通过各种人际关系表现出来的，包括但不限于创造个体与科学群体、科学共同体、社团、团队、科学流派、学派、权威的关系等等。

二、人际相互作用对创造活动的影响

无论个体还是群体，人际相互作用对创造活动的影响主要表现在四个方面。

1. 方向性影响

从理论上说，创造的空间是无穷大的，创造的方向也是多维的。

在无限的空间和众多的方向中选择一个探索的方向，虽然从形式上看是创造个体的自主选择，但这种选择可能是在查阅了大量文献、参考了他人的成果、与他人（包括同行甚至外行）进行交流后做出的。他人的存在和提供的信息对创造主体做出最终的决定具有或简单或复杂，或直接或间接的影响。

2. 方式性影响

成就任何事情都需要满足两个条件：内容与方式。方向是解决创造的对象或内容问题，方式则是解决创造的途径或方法问题。简言之，创造是要"用正确的方式、做正确的事"。

人际相互作用对创造活动的影响不仅在创造的方向上，而且也在创造的方式上。有时有了正确的思路或方向，却找不到合适的方式和路径，也会使创造过程被延缓甚至阻断。李政道与杨振宁早年在研究自然界的相互作用问题时，发现引力相互作用、电磁相互作用和强相互作用都有宇称守恒的证明，但没有文献和证据表明弱相互作用也是守恒的，于是他们大胆地假设弱相互作用下宇称不守恒，但苦于无法证明。美籍华裔实验物理学家吴健雄有着高超的实验设计能力，她用实验证明了弱相互作用下宇称不守恒，从而把李、杨二人送上了诺贝尔奖的颁奖台。

3. 进程性影响

当方向和方式问题确定之后，人际相互作用的性质和状况对创造的进程和速度往往有着直接的影响。在创造过程中还会有很多转折点影响创造的进程，在好的人文环境下和团队支持下，创造活动会顺利、有效地进行，反之则不然。

4. 结果性影响

人际相互作用的结果，也会直接影响甚至决定创造结果的有无和大小，决定结果的早见天日还是延迟问世。哥白尼在去世前才敢发表他的日心说，就是教会和当时天文学界强大保守势力作用的结果。

第二节　科学群体

一、科学群体的概念

广义的科学群体是指由科学创造活动直接或间接联系起来的人群。

狭义的科学群体是指由一定的行政隶属关系或具体研究活动所直接联系起

来的人群。

科学共同体、社团、科学技术中的流派和学派都可视作广义的科学群体，而一个单位的科研人员、项目组、任务团队的人员则属于狭义的科学群体。

科学群体有特殊的群体心理现象。关于是否有"群体心理"，早期的心理学家中有人明确地持否定态度，因为心理是脑的机能，只有个体的人才有脑，既然没有"群体的脑"，自然也就没有"群体心理"。这是对"群体心理"的机械理解。应该承认，在群体中，会出现一些单独个体时所不具有的心理现象，如认同感或归属感、凝聚力、从众与服从、群体极化、群体思维等等，可以将这些现象称为"群体心理"现象。这些现象在社会心理学中已经有一般的讨论，在此不赘述。

本节主要讨论科学共同体、科学流派、学派、科学社团和科研团队对创造主体活动的一般影响。目前由于实证研究成果的缺乏，这部分内容的讨论只能在定性和理论的意义上进行。有些内容与科学社会学的分野亦不十分明晰，是谓不足，还望读者包容。

二、科学共同体

1. 科学共同体的概念

科学共同体是从事科学技术研究的专业人员的统称，即通常所说的"科学界""学术界"。科学共同体的成员通过科技创造活动及其创造成果而联系起来，成员个人之间未必熟识。成员之间的相互作用更多的是通过学术成果和学术思想的交流而实现的。科学共同体本质上是一种由科技创造活动联系起来的松散人群。

科学共同体有共同的研究兴趣、研究范围和基本的行为规范，包括研究程序、研究方法、道德伦理与行为规范。

科学共同体是一个超越国家、地域、民族、种族的概念。但科学共同体的成员个人却不能脱离上述因素的制约。正如法国微生物学家巴斯德所言，科学没有国界，但是科学家有祖国。

2. 科学共同体的作用

科学共同体的主要作用一是为科研人员提供科学研究的价值体系和评价标

准，二是为创造活动及其人员提供社会心理和社会关系的支持。

科学技术创造活动学科繁多，门类复杂，一种研究过程和研究结果的价值几何，只有通过科学共同体内部形成的价值评估体系才能确定，这种评估过程也是动态的，发展的，很多重大理论问题甚至会长期存在争论。但无论这个过程多么复杂和漫长，科学评价也只能通过科学共同体内部成员的科学实践来确认，任何外来的行政干预，无论其动机和愿望多么良好，其结果只能是揠苗助长。科学共同体在这方面的作用还包括：通过竞争与合作，为共同体成员提供创造的动力与激励力量；为共同体成员提供交流的背景与平台，启迪创造性思维；提供创造的基本道德伦理规范与行为规范；及时分享研究成果和学术信息，避免重复、无效的劳动，提高科学研究的效率。

科学共同体的存在使科学家无论在社会存在上，还是在心理和行为上都不再是孤立的。

第二次世界大战期间，科学界发起了拯救科学家的行动，通过各种社会力量帮助科学家逃离纳粹占领区。犹太人爱因斯坦为躲避迫害和攻击，辗转到了美国；意大利原子物理学家费米后来也转到了美国。丹麦物理学家 N·玻尔在地下抵抗组织的帮助下，先是逃往瑞典，后来又转去英国。当时他被塞进一架私人小飞机，因为驾驶舱只能容纳飞行员一人，身躯高大的他只好平躺着被塞进了狭小的行李舱。为了躲避德军的战斗机，飞机只能在夜间起飞（那时的战斗机还不具备夜间战斗能力），为了躲避地面探照灯和高射炮火的威胁，飞机起飞后迅速拉升到 3000 米以上的高度，由于高空缺氧、失压和迅速的降温，等到油料几乎耗尽的飞机摇摇晃晃地勉强降落在英国的海滩上时，玻尔几乎已经昏死过去。[1]

爱因斯坦到达美国后，也加入了帮助科学家的行列。美国有一家医院要聘请一位 X 光物理学家，结果有四个物理学家来到医院应聘，他们都是从希特勒的暴政统治下逃出来的，每个人手里居然都拿着一封爱因斯坦写的推荐信。在科学界，爱因斯坦是出了名的好心肠。他一生写的推荐信实在太多了，以致这些推荐信都失去了推荐的作用，被人当作宝贵的手迹珍藏起来了。

---

[1] ［丹麦］尼耳斯·布莱依耳著，戈革译：《和谐与统———尼耳斯·玻尔的一生》，东方出版中心，1998 年版。

第二次世界大战前，国际学术界的主要工作语言是德语。但自从纳粹入侵波兰、第二次世界大战爆发后，科学界的通用语言几乎一夜之间变成了英语，这种情形一直延续下来。科学家用自己的方式表达着人类的正义感。

以上两方面的作用，也为科学共同体提供了一种内在"净化机制"或自组织机制，使得科学共同体能够吐故纳新，保持自身在科学研究方面的严肃性与自身存在的合理性。

三、科学中的流派、学派与社团

1. 流派与学派的概念

科学流派与学派在通常情况下可以被当作同义词来对待，一个流派有时也被称作学派，反之亦然。学术界没有刻意去强调二者的区别。例如弗洛伊德创立的学说和心理治疗范式有人称作精神分析流派，也有人称之为精神分析学派。

科学流派或学派是一种有着共同认同的基本思想理论和行为范式特征的科学群体。例如在心理学中，精神分析学派关注人的潜意识、早年经历及本能对人的心理和行为的影响，临床咨询与治疗中是以精神分析师为中心；认知学派则注重通过分析、调整人的认知结构来影响人的心理与行为；行为主义不管你脑子里是怎么想的，重在通过系列有效的操作解决人的行为问题；而人本主义流派则强调以来访者为中心，无条件关注。

如果一定要区分流派与学派有什么不同，也许更多的意义只是语义定义或约定意义上的。比如，可以认为流派是比学派更为宽泛的概念，一个流派中可以包括不同的学派。如同在精神分析流派旗下，后来又出现了荣格、阿德勒的不同学派。或者反过来说，精神分析学派中后来又分出了荣格和阿德勒两个不同的流派。同理，数学中德国的哥廷根学派、法国的布尔巴基学派、俄罗斯的拓扑学派、波兰的拓扑与泛函分析学派都同属有别于经典数学的现代数学流派范畴。

从组织程度上看，流派要比学派更松散。流派更多的是学术思想倾向上的大致趋同。而学派则有自己的领军人物，这些人物是学派公认的学术领袖和思想导师，有自己的研究对象、领域、共同方法，甚至学术术语。或者说，流派是有共同思想和范式特征的科学群体，而学派则是由基本观点和方法一致、彼此高度认同的成员所组成的科学群体。流派是有界无边的非正式组织，学派则既可能是有界无边的非正式组织，也可能是有界有边、以正式组织形式联系起来的科学群体。这里所谓的"界"就是共同的学术标识（思想观点或方法范式），"边"则是同一正式社会组织成员的身份。

2.学派的特征

从严格意义上说，学派是比流派组织程度更高的群体，一般说来，学派有七个方面的明显标识。

（1）思想标识：有共同的理论背景和哲学信念。

（2）对象标识：有共同的研究兴趣或研究对象。

（3）规范标识：有共同的研究规范与研究方法。

（4）风格标识：有共同的理论框架和研究风格，包括结构风格和语言风格。

（5）成果标识：有共同的研究结果和标准解释。

（6）领导标识：有公认的、权威的学派领导人。

（7）心理标识：被学术共同体公认为一个独立、独特的派别。

例如，由N·玻尔领导的哥本哈根理论物理学派就典型地具有上述科学学派的特点。这个学派把研究重点放在量子力学基础的诠释上，强调以可观察的量作为建立理论的基础和依据，认为量子理论在逻辑上无法排除人们的主观成分，量子理论是主客观要素的结合体；量子跃迁是量子物理的最基本的概念，微观粒子位置和动量不可能同时精确测量（海森堡的测不准原理），描述微观粒子的波函数是一种几率波（德国科学家玻恩的解释），在宏观领域中成立的因果律和决定论在微观领域不成立；从实验中所观测到的微观现象只能用通常的经典语言做出描述，微观粒子呈现波粒二象性佯谬是用经典语言描述的结果，因此经典语言描述的微观现象既是互补的又是互斥的。

玻尔还提出了"互补"原理作为这个学派的共同理论背景和哲学认识论的信念。该学派以微观世界的高速运动现象为研究对象和研究领域；以实验和抽象、严谨的数学推演相结合为研究方法；提出了量子力学一整套概念和原理；对自己的理论给出了标准的解释——被物理学界称为正统的或经典的"哥本哈根解释"；玻尔作为学派的领袖和旗帜，有着公认、权威的影响，旗下聚集了当时最优秀的一批年轻科学家;有着条件良好的研究场所,有凭借玻尔的影响力筹集到的相对充裕的研究资金,把握了主流的研究领域;形成了独特的学派精神文化;研究所也成为当时理论物理界公认的、卓有成果和世界影响的研究中心。[1] [2]

3. 学派的作用

学派的基本作用是以其整体的存在促进科学技术的发展。如前面提到过的哥廷根学派,布尔巴基学派,还有丹麦的哥本哈根理论物理学派,都以其自身的成果推动了科学的发展。此外,学派可以为成员活动或确认成果提供强有力的心理支持,为成员的活动提供统一的研究规范和方法,使学派的研究成果具有统一的风格和标识,最后,使成果和成员有利于取得社会承认与支持。

4. 科学社团

社团是科学群体的正式社会组织形式。社团可以有官方背景,也可以没有。

英国皇家学会是近代科学史上第一个有着官方背景的著名科学社团。当代各国官方背景的科学院和以学科专业为背景的学会、协会等非政府组织都是科学社团的不同形式。

科学社团的特点通常是:具有社会承认的正式组织形式;成员身份的取得需要通过资格审查和一定的确认程序;社团及其成员的权利、活动具有组织保障和法律保障;与其他社会组织形式相比,社团的组织相对宽松和自由。

社团的作用是多方面的。社团通过正式组织的形式把具有一定资质的专业人员凝聚起来,提供交流与活动的组织平台;通过资格审查的程序,为成员提供一定的专业身份和社会地位,增加成员的社会影响力;为科学活动创造适宜的外部社会支持条件,易于使科学活动得到政府和社会公众的理解和支持;通过专业活动和普及性宣传活动扩大科学影响;促进学科理论、方法的发展。近现代科学史上的著名科学家如牛顿、戴维、法拉第、拉瓦锡、钱学森都是国家官方社团的成员。

---

[1] [美] 阿布拉罕·派斯著,戈革译:《尼耳斯·玻尔传》,商务印书馆,2001年版。
[2] P·罗伯森著,杨福家、卓益忠、曾谨言译:《玻尔研究所的早年岁月:1921—1930》,科学出版社,1985年版。

社团对成员心理和行为的影响主要表现为凝聚力、归属感、荣誉感和社团意识。

凝聚力是社团对群体成员的吸引力，具体表现为群体成员对社团的心理认同感，对社团成员身份的渴望感，对社团活动的向往感。

归属感是成员对社团的一种价值认同与心理依恋，包括社团成员心理上的彼此认同，社团活动时成员在心理与行为上的相似性或规范性，参加社团活动时的责任感和安全感，离开社团时的失落感等等。

荣誉感则是归属感的强烈表现，具体表现为：以社团的荣誉为个人的荣誉；以自己是社团的一员而感到自豪；自觉维护社团的荣誉，不做、也不容许他人做有损于社团荣誉的事情。

社团意识是归属感的日常表现，包括：在社会活动中具有社团成员的身份意识，保持与成员身份相符的行为方式；自觉地遵守社团组织规章制度及其他规范；维护社团的稳定；履行成员的义务，愿意为社团的发展做出贡献；支持与配合社团的活动，完成社团的工作任务；认同和支持其他社团成员；保持与社团的联系；履行成员对社团的其他义务。

四、科研团队

1. 团队的概念

团队是人的最高组织形态。在英语中，团队与球队是同一个词：team。这不是偶然的，一个高水平的球队就是一个高水平的运动团队，球队在赛场上的表现实则是其平时团队建设水平的展现。

科研团队是科学群体的最小单元，也是最有凝聚力和执行力的群体。

2. 团队的特点

我们不妨以球队为例，分析一下团队的典型特点：

（1）目标：球队的目标是赢球，每个队员的目标也是赢球——团队目标为每个成员所高度认可，个人目标与团队目标高度一致，这是团队的第一个特点。为团队定个目标谁都会，但定了目标能否让每位成员都高度认可，则是考验团队领导和团队建设水平的一道难关。

（2）领导：团队领导（者）必须是拥有权力并能有效影响他人的人。所谓有效影响他人，就是能够带领组织成员实现团队目标。

（3）沟通：这是团队的"黏合剂"，团队及其成员通过沟通达成对团队、目标和成员彼此间的认同。沟通也是团队的"润滑剂"，通过沟通减少内耗和不确定性，达成团队的协同。

（4）协同：通过分工与合作，使团队效能达成"一加一大于二"的系统状态。

（5）信任：团队领导与成员之间、成员与成员之间彼此高度信任，这是团队最本质的心理特征，也是团队与"团伙"的本质区别。

（6）纪律：为了维护团队的正常运转，团队有必要的纪律。但团队的纪律是靠成员的自觉和自律来维护和执行的。

3. 团队建设与形成的过程

1961年，美国社会心理学家谢里夫的一个现场实验，揭示了团队形成的一些规律。[1]

团队的形成要经历四个阶段：

（1）分化：确立团队目标，团队成员之间就会产生分工和地位的分化。在这个过程中，自然领袖有可能诞生。

（2）强化：从团队外部引进压力，让成员面对共同的压力。这是团队形成的关键一步。在外来压力面前，人与人之间会增加亲和力和凝聚力，"我们"这一团队意识得以形成。

（3）保持：经历了上一个阶段后，"我们"的概念得以形成，这也是团队形成的标志。此后，要经常以团队为单位组织活动，使团队意识在共同的活动中得以保持。

（4）融合：团队建设切忌建成小团体——对内倒是抱成了团，可却"一致对外，一致对上"。要把小团队融合成更大的团队，需要确立更大的目标，并取得所有小的团队及其成员对更大目标的认同。

---

[1] Sherif, M., Harvey, O. J., White, B. J., Hood, W. R., & Sherif, C. W. *Intergroup cooperation and conflict: The robbers cave experiment.* Norman, OK: University of Oklahoma Book Exchange, 1961.

4. 科研团队的管理

科研团队是以完成创造性任务为目标的特殊团队。其特殊性在于"三高"要求：团队面对的任务都具有较高的难度；团队成员要求有较高的智能，否则不足以解决难题；团队领导者对内对外都要有较高的影响力或权威性，这种影响力和权威性不是通过行政命令的方式建立的，而是由于领导者本人的杰出才能和人格魅力而得到团队成员公认的。

由于创新研究的难度越来越大，所需要的社会条件和其他条件也越来越多，个人以一己之力已难以完成所有的任务，因此，现代科研越来越需要团队合作。

按团队活动的特点，可以将团队分为"任务型团队"和"攻坚型团队"。

任务型团队的特点是：光靠一两个最强的人或最强的因素不可能完成整个团队的任务，团队成员只有共同努力、彼此协同才能完成任务。决定任务型团队这只"木桶"能盛多少水的不是最长的"木板"，而是最短的那块。任务型团队的管理重点是加强最短的木板，关注团队的薄弱环节。

攻坚型团队的特点是一点突破即意味着整个团队的突破、难题的攻克，剩余任务的完成只是一个时间问题。攻坚型团队的管理重点应该是把资源向最强的人或环节集中。

科研团队较多地表现出攻坚型团队的特点，但科研团队又是以任务型团队为基础的。这是科研团队有别于一般任务团队的特点。

在科学史上，有两个著名的科研群体值得注意。一个是英国剑桥大学的卡文迪什实验室，另一个是丹麦的哥本哈根理论物理研究所。它们之间又有着师承关系。

J·J·汤姆逊27岁时担任卡文迪什实验室主任，他在1906年获诺贝尔物理学奖。他的学生卢瑟福等九人也先后获物理学和化学奖。[1] 卢瑟福继汤姆逊之后任卡文迪什实验室主任，他也培养出了一批诺贝尔获得者，包括索第，奥托，玻尔，亥威西，查德威克，阿斯顿，阿波莱顿，不莱凯特，考克饶夫，瓦尔顿，狄拉克，鲍威尔，卡皮查，共13人。在卢瑟福实验室从事过研究工作的丹麦物理学家玻尔，1922年获得诺贝尔物理学奖，他在哥本哈根大学建立了理论物理

---

[1] 王极盛：《人才成功的因素》，《心理学探新》，1980年第1期。

研究所,并担任所长四十载,形成了哥本哈根学派,造就了大批人才。这个研究所也成为近代物理学的圣地,量子力学的诞生地。[1]研究所秉承谦虚、坦率、热烈、自由、平等的学术讨论和充分的国际合作精神,吸引了许多世界著名物理学家,包括玻恩、海森堡、泡利、狄拉克、魏扎克、克喇末、约尔旦、伽莫夫等等来此工作,研究所成为国际物理学的著名研究中心之一,在几十年中培养了600多名中外学者,十多人获诺贝尔物理学奖。[2]这个研究团队的每一位研究者都是智力和科学合作方面的佼佼者,他们既各自独立深入地研究量子理论问题,又通过交流乃至争论互相砥砺,从而共同促进了量子理论的完善和发展。[3]

第三节 权威人物的影响

一、什么是科学权威人物

在创造心理学中讨论的权威人物,是指在科学创造过程中做出过重大贡献而获得公认地位与重大影响的人物,亦即科学权威人物。其他如政治领袖、社会活动家等虽然也是具有重大社会影响的权威人物,但不在本节的讨论范围之内。

为了讨论方便,人们习惯上把科学权威人物简称为"权威",本节也在这个意义上使用权威一词。

如果要给权威下个确切的定义,可以说"权威就是以过去的创造力表现或创造成果赢得了人们普遍尊重的科学人物"。

这个定义中强调了权威是以"过去的"创造力表现或创造成果赢得了人们尊重的人物,目的是提醒人们,权威地位和影响的取得是因为其过去的表现和

---

[1] [丹麦]尼耳斯·布莱依耳著,戈革译:《和谐与统一——尼耳斯·玻尔的一生》,东方出版中心,1998年版。

[2] [美]阿布拉罕·派斯著,戈革译,《尼耳斯·玻尔传》,商务印书馆,2001年版。

[3] P·罗伯森著,杨福家、卓益忠、曾谨言译:《玻尔研究所的早年岁月:1921—1930》,科学出版社,1985年版。

成果，不代表着在现实和未来的科学发展中他们的行为和判断永远是正确的，不要把权威人物神化，更不能盲从于权威。强调这一点，对于避免和防止权威的负面作用很重要。

在讨论权威时，需要谨记的是：在科学与创新上，真正的权威只能是"实践"。

二、权威的积极作用

权威由于有较高的专业造诣和成就，对问题的判断力较强，同时有较高的公信力和社会影响力，因此权威对科学发展和创造活动会有积极的推动作用。

权威对科学发展与创造活动的积极促进作用主要表现在以下几个方面。

（1）对科学与创新问题提供价值判断，引领科学创造的方向。

（2）以权威的身份和影响力，发现人才、凝聚人才，培养人才，促进年轻人才的社会承认。

（3）以权威的思想、方法、研究范式为基础，形成科学学派。

（4）以权威的社会影响，为科学发展和创造活动争取有利的社会支持条件。

（5）扩大科学创造的社会影响，弘扬科学精神，影响社会的价值观，推动人类社会的文明进步。

三、权威的消极作用

权威也是人，也在社会中生存，也存在各种利益需求，认知能力也有局限，也会犯错误。权威一旦犯错，其对科学发展和创造活动的消极作用也会大于常人。

从实践看，权威对科学发展与创造活动的消极影响主要表现在以下方面：

（1）对科学与创新问题产生价值误判，影响科学创造的方向和进程。

（2）由于个人认知或人格的原因，造成对年轻人才的压抑。

（3）由于思想、方法或研究范式的固化僵化，消减甚至扼杀科学创造的活力。

（4）以权威的影响力，造成学术资源的垄断和浪费，形成非学术非科学的利益集团。

（5）成为学阀、学霸式的人物，由当初的科学创造者蜕变成后来的科学创造的阻碍者。

权威犯错的原因主要有两个：认知能力问题与社会关系方面的问题。

从认知能力方面说，科学与创造活动是在不断发展中，创造的复杂性与难度也会越来越高，而人的认知能力总要受自然因素与时代条件的限制，当科学与事物的发展超过了权威原有的知识领域与理解能力之后，权威的正确判断能力也会随之下降乃至消失。

卢瑟福是著名的实验物理学家和核物理之父，他曾在英国宣讲原子核的分裂。讲授的地点，就是老一辈著名物理学家L·开尔文宣布原子"没有结构"的那个大厅。卢瑟福讲道："由于原子破裂而产生的能量是微不足道的，希望从原子的转化获得能源的人是在空谈。"可就在卢瑟福这番讲话的五年之后，原子核裂变现象就被发现了。同样，L·瑞利是19世纪最伟大的物理学家之一，但他在1896年宣称，"除了气球以外，我对航空没有一点起码的信心"。于是引来了美国国会对"政府把金钱浪费在研制比空气要重的机器"的兰利计划的严厉批评。但仅仅七年之后，莱特兄弟就成功地完成了飞越基蒂豪克沙漠的飞行。[1]

从社会关系方面说，权威的社会生存也需要各种资源，包括物质的与精神的资源。资源的有限性和后来竞争者对资源需求的无限性之间的矛盾必然会在资源的后续分配过程中不可避免地发生和表现出来。占有优势社会地位的一方会有意无意地利用这种优势参与竞争。这种竞争并非完全是学术性或理性范畴内的。如果一定的社会管理制度缺陷又助长了这种负面的作用，则学术环境与社会环境恶矣。

谈及权威消极作用的社会原因，似乎要涉及私德与人品的敏感话题，且对权威似有不恭。从科学技术史的角度看，表现出消极作用的权威不能说没有，但相比于积极作用而言，这种起消极作用的权威及事例还是很少的。这一方面是因为任何权威都不可能永远"权威"下去，另一方面，在一个开放、自由、公正的学术制度和社会管理制度下，任何非学术、非科学的压制力量都不可能长久处于优势地位，任何力量都不可能封锁科学与创造发展的道路。除去自然规律、时间因素和社会管理因素的制约之外，科学共同体的专业评价体系与自我净化能力也是制约权威消极作用的重要因素。

---

[1] [美] C·H·汤斯，张钟静译：《意外发明与科研规划》，《科学与哲学》，1980年第5期。

四、对权威的再认识

由于权威地位的特殊性，无论积极作用还是消极作用，其影响都是巨大的。目前尚无统计数据能够说明这些影响的分布、性质、程度、领域和发生的年龄等规律，也许近年兴起的"大数据分析"技术可以在未来提供帮助。在此，只能进行一些理论上的分析。

如果要概括权威在科学发展与创造过程中的作用和影响，也许可以借用一句中国成语："成也萧何，败也萧何"。从逻辑分析的角度说，权威对科学发展与创造过程的后续作用不外乎是积极与消极的两类：支持了正确的，反对了错误的——积极类；反对了正确的，支持了错误的——消极类。

严格说来，权威只存在于一定领域的历史当中。科学的发展就是一个权威不断出现又不断被新的权威所否定的过程。从科学精神与创新发展的意义上说，科学的本质恰恰是反权威的。在科学领域，唯一永恒的权威只能是科学实践。

牛顿在他当时及他身后的相当长一段时间内是研究运动问题的无上权威，创立量子力学的那帮年轻人，包括玻尔、海森堡、泡利、薛定谔、狄拉克等等在微观高速运动领域里挑战并质疑了牛顿理论的权威性，使其回归定位于宏观低速运动领域；爱因斯坦则以自己的相对论理论同样为牛顿、量子力学创立者们，也包括爱因斯坦自己，圈定了权威的领域和范围。爱因斯坦在致一位友人的信中不无调侃地说道："为了惩罚我蔑视权威，命运使我本人成为了一个权威。"[1]

对权威的态度应该是：承认并尊重权威在其领域内做出的成就，但仅此而已。在权威"立威"之外的时空领域，在新的事物面前，可以认真考虑权威（无论支持还是反对）的意见，但绝不盲从，对权威的影响保持警觉，一切以科学实践为准。

五、权威的后续变化

权威社会地位的取得是因为在其研究领域内的贡献，其后续变化呈现出如下几种轨迹：

---

[1] 赵中立、许良英编译：《纪念爱因斯坦译文集》，上海科学技术出版社，1979年版，第100页。

1. 在做出贡献后止步，对科学的后续发展虽无更大贡献，但也无大碍

造成这种现象的原因，一方面是因为人的能力终究是有限的；另一方面是能力以外的其他原因，如社会影响、性格等原因。

1900年12月14日，普朗克在德国物理学年会上做了题为"正常光谱辐射能的分布理论"的报告，这天成了量子物理的诞生日。他的理论中已经包含了能量辐射以能量子（非连续）的方式传递的思想，而非经典物理理论所认为的连续传递。但他未敢就此挑战经典物理理论，而是力图把新观念纳入到旧理论中去，按他本人的说法，这一伟大步骤是"绝望之举"，所以他在以后的日子里仍然想着"用什么方法把作用量子列入经典物理体系"，为此他耗费了大量的时光，但注定不可能会有什么结果。据普朗克的儿子欧尔维·普朗克回忆，有一次和父亲一起散步，他父亲激动地讲述了自己的研究成果，并断言："我现在在做的事或者毫无意义，或者可能成为牛顿以后物理学上最大的发现。"遗憾的是，他却并没有就此再前进一步。[1]

英国著名物理学家狄拉克也谈起过另外一位著名物理学家薛定谔的类似经历。[2]

若干年后在我们的一次短暂的会晤中，薛定谔向我解释说，他第一次得到他的波动方程时是就电磁场中运动的电子而言的德布罗意方程的推广。这个首先得到的方程是相对论性的。后来他把它应用于氢原子中的电子，但是得到的结果却与观察不一致。原因是未考虑自旋。薛定谔原来的波动方程既然未考虑自旋，所以得到错误的结果。当他发现这一错误结果时极端失望，以为他的整个想法是徒劳的，随即弃置不顾。几个月后他又回到了他的工作，并注意到在作非相对论性近似时，他的计算结果与观察是一致的，因此他以非相对论性理论发表了他的工作。

原始的薛定谔方程后来被克莱因和戈登重新发现，并发表了它，所以这个方程现在叫做克莱因—戈登方程，虽然它是薛定谔早已发现的。我可以说，薛定谔没有胆量发表一篇与观察不一致的论文。现在的人们可不是这种胆怯者了。

---

[1] [苏] 戈林著，朱行素译：《著名物理学家略传》，安徽科学技术出版社，1984年版，第128页。
[2] [英] P·A·M·狄拉克，周济生译：《我的物理学家生活》，《科学史译丛》，1989年第2期。

薛定谔似乎是太胆怯了,以致量子理论的发展多少受到了阻滞。

狄拉克对造成这种情形的心理原因进行了推测,"我认为有个普遍的规则是:一个新思想的首创者并不是去发展它的最佳人选,因为他对其中某些地方可能出错的担忧太过强烈,阻止了他以一种超然的眼光来看待他的方法,而他本应该这样做的"。这种"首创者恐错"的现象值得创新者注意。这种现象似乎与年龄、名气也有一定的关联,人的胆量或勇气似乎是随着年龄和名气的增长而变小的。对此,狄拉克也有同感,他说道:"我还有着另一个巨大的优势。我当时是一个研究生,除了做研究没有其它的义务。我可以在灵感初现之时就去思考它。而如果我年长或年轻几岁,我都将错过这种机会。"[1]

法国生物学家、诺贝尔奖获得者莫诺对这种权威的蜕化现象也给出了自己的解释。

对一个以某种方式培养起来的科学家来说,放弃那种训练他成长起来的方法,接受全新的他从未接触过的方法是困难的。当然,有许许多多非常优秀的科学家,在他们的领域用培养起他们的那种方法和技术取得了极大的成功。但是,一旦他们所习惯的方法和技术的效能或多或少地被穷尽,他们便鼓不起勇气放下那种方法和技术,学习使用新的技术在他们的领域内继续他们的研究,这使我想到,一些出色的遗传学家,当遗传学的很大部分牵涉到化学,当基因研究不再依靠杂交,而转向研究分析 DNA 的片断时,他们就茫然无措了,就掉队了,因为他们没有勇气学习用新的技术、新的方法继续研究。[2]

有学者也注意到了这种"年轻时激进,年老时保守"的现象。相对论是爱因斯坦和闵可夫斯基二十多岁时做出的成果。当时除了彭加勒外,没有一个超过五十岁的理论物理学家理解和支持它,爱因斯坦当时甚至被认为是科学上的一个极端的激进派人物。后来出现的量子力学,也是一群二十多岁的年轻人做出的成果。而普朗克和爱因斯坦,昔日的极端激进派人物,此时却似乎像是保守派了。[3]

---

[1] 狄拉克在获得奥本海默奖时的发言,网址:http://blog.sina.com.cn/s/blog_445d5b170100ziu3.html。
[2] [法] 莫诺,杨思译:《莫诺论科学发现》,《自然科学哲学问题》,1987 年第 2 期。
[3] [美] A·达布罗,陈光、徐颂梅译:《物理学家的心理学差异》,《科学与哲学》,1981 年第 6–7 期。

2. 蜕变成为一种保守的力量，阻滞了科学发展的进程

权威一旦形成，就具有了极大的影响力。当权威出现认知与判断失误时，对科学认识发展的阻滞作用也是非常大的。

1824年，挪威青年数学家阿贝尔完成了《五次方程代数解法不可能存在的数学证明》，解决了数学界百年不克的大难题，他把自己的论文寄给了德国"数学之王"高斯，希望能得到这位数学权威的评价，然而高斯却将其束之高阁，甚至连装有论文的信封都没有打开，直到高斯死后，人们才在稿纸堆里发现了这篇有价值的论文。[1]

1826年，阿贝尔的论文《论一类极广泛的超越函数的一般性质》交给了法国科学院秘书、数学权威傅立叶，傅立叶只看了引言，便将其交给柯西审阅，而柯西居然把论文弄丢了。两年后，阿贝尔已去世，这篇论文才被找到，而发表又推迟了12年。[2]

1829年，18岁的法国天才数学家迦罗华提出用"群"的概念来研究代数方程的根式求解问题，创立了群论。但他的论著被数学家柯西、傅立叶两次遗失，被数学家泊松斥为"完全不能理解"，未获发表。迦罗华的论文被压制了17年，直到1846年才在柳维尔主编的《数学杂志》上陆续发表。而此时，迦罗华已因与人决斗身亡长眠地下14年了。[3]

1911年9月，玻尔首次来到英国，带着他刚完成的博士论文，希望这篇关于金属电子论的论文能引起电子发现者汤姆逊的兴趣，并能够发表。但汤姆逊作为剑桥卡文迪什实验室的主任，已越来越多地参与公共事务，不再有时间或兴趣去与实验室的年轻物理学家讨论他们的各种新奇想法。玻尔也同样受到了冷落，发表论文的愿望落了空。[4]

早年到玻尔研究所做访问学者的年轻的美籍荷兰物理学家克隆尼希（Ralph de Laer Kronig）最先提出了电子旋转（自旋）的思想。由于泡利的强烈反

---

[1] 解恩泽主编：《科学蒙难集》湖南科学技术出版社，1986年3月版，第30页。

[2] 同上，第32页。

[3] 同上，第98页。

[4] P·罗伯森著，杨福家、卓益忠、曾谨言译：《玻尔研究所的早年岁月：1921—1930》，科学出版社，1985年版，第4页。

对，导致他没有勇气发表自己的这一思想。结果两位荷兰物理学家高德斯密特（Samuel Goudsmit）和乌仑贝克（George Ublenbeck）获得了发现电子自旋的荣誉。科学发现的优先权总是授给最先将他们的思想发表出来的人。[1]

3. 出于科学认识以外的原因，成为反科学的破坏力量

在科学史上，也有极少数人，在取得了科学成就之后，由于名誉、利益、政治信仰与价值观变化等原因，成为占据优势社会地位、垄断资源、压制年轻科学家、阻碍科学发展的学霸、学阀、权贵，成为科学发展的一种破坏性力量。这种人虽然极少，但并非没有可能出现，特别是社会组织的管理制度存在缺陷，社会组织的行政力量对科学与学术事务的干预达到了绝对支配地位时，极有可能出现。这种情况的出现既是权威本身的悲哀，也是权威所在社会组织的悲哀。

19世纪末，德国青年数学家康托尔创立了集合论，奠定了现代数学的基础。但他的成就却遭到了他的老师，著名数学家克隆尼克的非难。克隆尼克摆出一副权威的架势，极力否定康托尔集合论的价值，阻挠康托尔论文的发表和到柏林有声望的大学任教，甚至说康托尔得了"数学疯病"。康托尔遭受压制、非难达10年之久，精神受到极大损害，40岁时患上了抑郁症，后来发展成精神分裂症，抑郁而终。[2]

德国科学家勒纳德（Philip Edward Anton Lenard）因发现阴线射线的光效应而获得1905年诺贝尔物理学奖。另一位德国科学家斯塔克（Johannes Stark）在氢原子光谱研究中发现以他名字命名的物理效应而获得了1919年的诺贝尔物理学奖。这两位在科学上有杰出成就的人在政治上却是追随纳粹的狂热分子，后者还参与了对犹太科学家爱因斯坦的迫害。幸而这类人在科学家中极少。[3]

值得庆幸的是，一个社会组织的行政权力的不当应用，可能毁坏这个社会组织管辖范围内的科学共同体的自净功能，但不可能对世界范围内的科学共同体整体造成根本性的破坏。科学共同体的自净功能也会将其消极作用予以屏蔽。

---

[1] P·罗伯森著，杨福家、卓益忠、曾谨言译：《玻尔研究所的早年岁月：1921—1930》，科学出版社，1985年版，第98页。
[2] 解恩泽、赵树智主编：《潜科学学》，浙江教育出版社，1987年版，第99页。
[3] 世界物理学史专题：《纳粹分子？诺贝尔奖得主？》，网址：http://www.gkxx.com/resource-883910.html。

4. 以科学家的本分对科学的发展继续发挥正向的、积极的影响作用

爱因斯坦创立相对论之后，与量子力学的创立者们进行了长期的争论，其中既有世界观和方法论的分歧——传统决定论在微观领域是否成立，也有科学见解的不同。这种争论只要是在平等的前提下进行，没有以学术以外的力量介入，就仍属于正常的学术争论。对量子力学的诘难，促使其创立者们不断地修正自己的理论。爱因斯坦虽看似扮演了一个"反对者"的角色，但其对科学发展的作用仍然是建设性或推动性的，他的批评、诘难和反对仍是积极作用的一种反面表现。当量子力学的创立者们说道"我们大多数人都认为……"时，爱因斯坦以一句"科学上的事情什么时候是由多数决定？"便将争论轻松地拉回到科学争论的正常范围之内。爱因斯坦晚年致力于统一场论的研究，虽然最终未能取得明确的结果，但他的探索仍表现了一位不会固步自封的科学大师的风采。

5. 成为科学团队的组织者和学科的建设者，为科学发展培养人才，为年轻学者的发展扫除阻碍

德布罗意的物质波理论在提出之初少有人问津，连当时的权威专业期刊编辑也不敢刊登德布罗意的论文，后来是由于爱因斯坦的推荐才得以发表。

20世纪30年代，玻尔受邀访问苏联，当时有人问他，为什么会有那么多的青年科学家聚集到他的周围？他何以能够培养出那么多优秀的年轻物理学家？玻尔坦言："可能因为我从来不感到羞耻地向我的学生承认——我是傻瓜。"现场担任翻译的苏联科学家朗道的亲密合作者粟弗席茨把这句话误译成："可能因为我从来不害臊去告诉学生——他们是傻瓜。"结果引起哄堂大笑。虽然翻译当场作了纠正和道歉，但是当时在场的另一位苏联著名物理学家卡皮查认为，这个误译并非出于偶然，因为"确切地说，玻尔和朗道这两个学派的不同之处，就在于此。"朗道也是成就斐然的科学家，1962年诺贝尔物理学奖得主，在科学界有"全能物理学家"的美誉。朗道曾在玻尔的理论物理研究所工作过四个月，自称是玻尔的学生。但他恃才傲物，喜欢独断其是。1956年，几乎与李政道、杨振宁同时的一位苏联物理学家伊·斯·沙皮罗也在探索"θ-τ"疑难，并且也推导出β衰变宇称不守恒的结论。但是因为沙皮罗是不出名的人物，论文送到朗道那里，他只是一笑置之，扣压在他的书桌里不给发表，使这位人才被埋

没了。[1]玻尔与朗道的故事，恰好从正反两个方面诠释了权威对科学发展和创造活动的影响作用。

对于高创造力的年轻个体来说，权威的社会支持作用也许比其科学价值判断作用更为重要。科学社会学家朱克曼女士采访了在美国的诺贝尔奖获得者，这些科学大师级的人物普遍认为，就导师和权威对自己的影响而言，知识是最不重要的，因为获奖者在知识方面显然已经超过了老师；方法也不是最重要的，因为这些获奖者也在方法创新上超过了他们的老师；他们认为导师最重要的职责是把自己的学生引入学术界，为学生提供发展的机会，让他们和他们的成果早日为学术界所熟悉和接受。[2]

华裔科学家李政道因提出弱相互作用下宇称不守恒理论而荣获诺贝尔物理学奖之后，不是想着怎样在人生的各种选择中做出对自己有利的选择，而是在继续从事科学研究的同时，也大力推动科学教育与人才培养，他不仅为海内外中华学子提供了宝贵的奖学金和研究项目，还亲力亲为与国内相关院所合作培养研究生和青年学者，拳拳之心日月可鉴。

6. 作为社会活动家，以权威的社会影响，坚守科学的社会价值

科学家是追求科学真理的人，虽然"真"并不会必然地导致"善"，但绝大多数科学家都是秉持"以科学造福人类"的善的价值观。秉持这种价值观的科学家不仅推动着科学的发展，而且在科学的社会应用上推动着人类文明的进步。

第二次世界大战后期，关于原子核裂变的研究论文在德国的相关期刊上消失了，这表明核研究可能已经进入武器研究阶段。为了防止希特勒研制出原子武器并用以威胁、讹诈全世界，爱因斯坦等科学家向美国总统罗斯福建言抢在纳粹前面研制出原子弹，费米、奥本海默等一大批优秀的科学家投入到了这项名为"曼哈顿工程"的研究中。但当广岛、长崎的原子弹尘埃散去，当初积极主张研究核武器的科学家们开始转而反对使用这种大规模杀伤性武器，成为坚定的反核、反战人士和社会活动家。

---

[1] 陶伯华、朱亚燕著:《灵感学引论》，辽宁人民出版社，1987年版，第133页。
[2] [美]哈里特·朱克曼著，周叶谦、冯世则译:《科学界的精英：美国的诺贝尔奖金获得者》，商务印书馆，1979年版。

科学技术与人类文明都是在一定的社会条件下发展的。随着创造难度的增加，创造活动对社会支持条件的要求也越来越高。提高社会适应能力，善于协调各种社会—人际关系，能够营造有利于创新的社会环境，也成为现代社会对创造型人才的重要素质要求。

十

创造的社会—心理条件

- 适于创造的社会环境
- 思维方式与科学传统
- 社会管理体制
- 教育与人才培养

创造是一种高智能的社会活动。创造需要一定的社会—心理条件。

社会—心理条件是指创造活动所必需的社会条件以及在这些社会条件影响下所形成的社会意识形态。后者也可理解为广义的社会心理条件。

社会—心理条件是创造活动的重要外部影响因素和支撑因素，其对于创造者和创造活动的意义，犹如阳光、水和空气之于生命一般。创造的社会—心理条件很多，本章仅就一些重要或必需的条件进行一些简要叙述。

第一节　适于创造的社会环境

创造活动需要和平、安定的社会环境，尤其是政治环境、经济环境和自由开放的文化思想环境。

一、政治环境

创造犹如人类文明发展的种子，虽然恶劣的条件也不能完全扼杀它的生命力，但和平、安定的社会环境才是有利于创造活动的。

中国明代开始出现资本主义生产方式的萌芽，工商业和社会经济发展的需要必然会提出大量创新的要求，但这种崛起的过程一方面被后来王朝更迭的战乱、闭关锁国的愚昧所窒息，另一方面也被鸦片战争以来的列强入侵所扼杀。

"五四"运动打出了"科学"和"民主"两面大旗，作为中国现代史的开端，有一个本质上不错的思想起点，但国内军阀割据、民生凋敝，国民政府虽然形式上统一了中国的政权，但内部仍旧是四分五裂。20世纪初难得一现的国家发展的"黄金十年"，又很快被日本的全面侵华战争所打断，广袤的国土居然安不下一张安静的书桌。

中华人民共和国成立之后，百废待兴，人心思治，17年间各方面建设虽然并非一帆风顺，但也可谓成就斐然。但一场从意识形态领域开始的所谓"无产阶级文化大革命"，迅速演变成了涉及全国各行各业的全面动乱，教育、科学、文化事业也成了重灾区。"文革"十年，耽误的何止是一代人？中国与世界本已缩小的一些差距，又被人为地拉大了。

痛定思痛，1978年发生的两件大事，从理论上为中国未来的创新大环境提供了战略支撑：一是全国科学大会，从思想上唤起了人们对科学发展的向往和尊重；二是执政党果断结束了"以阶级斗争为纲"的路线，确立了改革开放、以经济建设为中心的新的执政理念。

20世纪八九十年代，中国大陆学者曾热烈地讨论过一个话题：中国的科学技术水平为什么会在近代落后？简言之，观念落后、重农抑商、闭关锁国、强敌肆虐、经济落后、国力羸弱等等都是原因，但官场腐败、内部动乱、政治环境恶劣无疑也是造成上述原因之原因，或者说是互为因果。覆巢之下，"创新"之完卵亦自难存。

当前，随着综合国力的增强和国际地位的提高，中国对外交往的深度与广度也不断扩展，创造活动所需的安定、和平的政治环境条件之好可以说是前所未有的。

二、经济环境

基础科学与应用开发所需要的资金、设备条件往往比较高，有些项目甚至需要举国之力。即使是日常工作与生活领域里的发明、改进，也需要资源（如时间和资金）的支持，因此，社会经济的一定发展水平是创造活动的重要支持条件。

一个社会要想在方方面面使创造或创新成为常态，形成所谓"万众创新，大众创业"的局面，创新或创业者必须得有一定的经济实力才行。毕竟创造活动的成功概率是不高的，创造活动的过程通常不可能一帆风顺，即使一个创新项目是可行的，也需要足够的经济实力支持到最后的成功。回顾人类文明的发展史，文学艺术、宗教哲学等等都是在生产力水平有了一定的提高、人们解决了基本温饱、生存无忧之后才有可能出现的。创造活动也是如此。如果一个社会的贫富悬殊极大，多数社会成员还在为基本生存条件奔波，那么创造活动在社会中也很难成为一种常态。

有没有经济实力是一回事，如何分配、使用经济实力，科学地评价其对创造活动的贡献又是另外一回事。

从经济活动的眼光来看，创造也是一种投资活动，是智力资源、资金资源、时间资源以及其他物质和精神资源的投入过程。除了基础研究的功利性不那么明显之外，应用研究与开发创造的经济性是必须要考虑的。

无论何种投资，最终都是要讲效益的。效益的内涵也是多样的，不能做单一的"经济—货币"形式的理解。投资效益除了经济效益之外，还有社会效益、科学效益、技术效益甚至政治效益等等。

对效益的一般理解应该是：

效益 = 效果 × 效率 / 成本

这个公式不是用来做投资价值会计计算的，而是用来说明和理解效果、效率、成本和效益之间的概念关系的。

任何投资活动，首先必须有明确的目标或效果，效果为零，则效益为零；其次，投资活动必须努力提高效率，效率即资源的利用率，如果一项活动久拖不决，迟迟得不到结果，效率趋近于零，则效益也趋近于零。有了效果和效率之后，还要考虑控制成本。如果成本趋向无穷大，则效益同样趋近于零。对于不同的投资，或是投资的不同阶段而言，关注的重点可能是不同的，最初可能是效果，同时或而后还有效率和成本。投资就是要在效果、效率和成本三者的动态平衡中取得最大值。

但创造活动不同于一般经济投资的地方在于，许多出于个人兴趣的创造活动，不能对其经济效益有过于急功近利的期盼。

三、文化思想环境

社会政治与经济环境只是影响创造活动的宏观因素，对于创造活动的主体个人而言，这些宏观因素通过影响社会的文化思想环境进而影响到创造者的创造活动。

文化思想环境是一个社会的软实力，也是创造活动和人才成长不可缺少的精神营养。如果把创造人才比作植株，政治与经济环境比作土壤，文化思想环境则是土壤里的养分。文化思想环境不良，则植株或羸弱，或畸形。

文化思想环境对创造活动的影响主要表现在以下一些方面：

1. 通过主流价值观或流行价值观影响创造活动的社会认同与社会评价

每一时代的政治经济活动都会对当代人的社会生活产生直接的影响。在这种影响下形成的社会意识形态中最重要的成分是价值观。价值观既是文化思想环境的产物，也是文化思想环境的主要影响因素，二者互相影响，互为因果。

由于社会关系的复杂性，人的意识形态和价值观也是多种多样的。社会控制者凭借国家力量所提倡并要求社会成员恪守的价值观是主流价值观，多数社会成员在一段时期内自觉或不自觉地遵从的价值观则是流行价值观。主流价值观与流行价值观在逻辑关系上可以是并列和重叠的。重叠得越多，二者越趋向一致，反之则趋向分离。

在具体的社会环境中，统治者提倡什么、褒扬什么，一般公众尊崇什么、向往什么，表现着这个社会和时代的主流价值观和流行价值观。这种价值观包括对创造活动的社会认同与社会评价。如果社会的媒体导向和一般成员，特别是代表社会未来的年轻人，追求的只是权势、虚荣和名利，而不是对人类文明发展做出创造性成就，则这个社会将是一个没有希望的平庸颓靡的社会。

2. 通过主流价值观或流行价值观影响创造者的价值观

20世纪70年代末，以全国科学大会的召开为标志，中国迎来了"科学的春天"，被"团结、教育、改造"压抑了多年的知识分子，由"文革"期间的"臭老九"变为"工人阶级自己的一部分"。[1] 一时间，社会上迅速形成了以"尊重知识，尊重人才"为标志的主流价值观和流行价值观，青年人当中兴起了"文凭热"，数学、理论物理等基础学科成为青年人上大学填报志愿时的热门专业，"从事科学研究"在当时被当成时尚和高尚的事情。

改革开放近40年了，当代社会的主流价值观和流行价值观还有多大程度的重合？在高等教育经历了"大跃进"式的发展之后，即使那些考上大学特别是考上研究生的人当中，还有多少人是把"从事科学技术研究"作为自己真正的理想和动机的？这些都是值得创造心理学从社会心理的角度研究的问题。

3. 通过对创造活动的社会认同与社会评价影响人的创造动机和创造行为

回顾新中国成立之后的历史，"读书无用论"思潮在社会上有两次大的泛起。第一次是"文化大革命"时期，知识分子被当作另类，知识被扫地出门。另一次是改革开放之后20世纪八九十年代，全民经商、全民"下海"，当时社会上一度流传"搞原子弹（个人收入）还不如卖茶叶蛋"的说法，学子毕业三条路——当"官"（进国家机关）、经商、去海外。在这样的时期，社会对创造

---

[1]《邓小平文选（一九七五——一九八二年）》，人民出版社，1983年7月，第86页。

活动的认同度和评价都较低，直接影响了人们从事创造活动的动机和行为。

4.影响社会人力资源（数量和质量）在创造领域的流动与分布

如前所述，文化思想环境通过影响社会主流价值观与流行价值观，影响社会对创造活动的认同、创造者对创造的价值认同，进而影响人的创造动机与行为，最终还会影响人力资源在创造领域的流动与分布。如果一个社会中的人，特别是代表社会未来的年轻人，都一窝蜂地涌向那些看似能够稳保锦衣玉食，或是一夜暴富、一夜成名的浮华虚荣的行当，则社会文明的发展又该作何期许？

第二节 思维方式与科学传统

思维方式与科学传统是在一定的文化历史发展过程中形成的，思维方式与科学传统对创造活动也会产生一定的影响。

一、思维方式

思维方式是在思维习惯基础上形成的一种认知结构，它影响人对信息的理解和组织方式。思维方式一旦形成，就具有相对的稳定性。

按思维方式是否具有整体、联系和发展的观点，可以将思维分为形而上学的思维方式和辩证的思维方式。前者是从片面、孤立和静止的观点看待事物和思考问题，后者则从整体、联系和发展的观点看待和思考问题。对于科学发展和创造活动来说，后者是更为适合的思维方式。

在对事物的认知方式上，西方分析主义传统和个人主义文化背景下的思维习惯具有场独立的特点，先把个体或最小功能单元从整体背景中区分出来，关注个体独立性和最小功能单元的存在。如英文信封地址的写法是从小到大，姓名是先个人后家族，介绍人物是先人名，后挂定语从句对其社会关系或身份作说明。这也是分析主义思维方式特点在文化中的表现。而以中国文化为代表的集体主义文化背景下的思维习惯则更具场依存的特点，如通信地址的写法是先大后小，姓名是先家族（姓），次辈分（字），最后才是自己的名，介绍人物是先身份后人名。这也是集体主义思维方式特点在文化中的沉淀。

按思维的方向或着眼点来看,可以将思维分为分析式思维和整体性思维。前者的思维方向是从整体到局部,从局部到细节,不断地向下分析,关注细节,直到不能分解为止。这种思维方式的特点是能够深入、具体地研究问题,但随着研究的深入和具体,容易造成"只见树木不见森林"的局限。后者则习惯从整体出发理解和把握事物,通过对认识的整合达到更高水平的认识。近代科学在西方诞生,分析式思维在科学发展过程中功不可没。但当科学发展到一定时期,有大量的信息和成果需要进行整合的时候,整体式的思维方式就是不可或缺的了。在创造性思维的发展问题上,两种思维方式应该是相辅相成的。

二、科学传统

1. 归纳主义传统与演绎—假设主义传统

在心理学诞生之前的很长时间里,认识问题是哲学研究的内容。在西方哲学发展史上,曾有过归纳主义与演绎主义之争。这种论争影响到近代科学,表现为归纳主义与假设主义。前者强调从大量的数据和事实中归纳出理论,这种传统今天仍深深地影响着以实证、实验为基本规范的心理学研究。后者则强调思维的能动性,可以"大胆假设,小心求证",思维和假设先行,只要没有事实反驳,假设就可以存在。在近代科学发展的早期,英国多经验归纳式的学者,典型代表如与牛顿争万有引力发现优先权的胡克、创立进化论的达尔文;而法德为代表的欧洲大陆科学家如笛卡尔、莱布尼茨、彭加勒则力挺演绎—假设主义。

在现代科学哲学中,还发生过科学起源于观察还是起源于问题、是先有观察还是先有假设(理论)的争论。由于观察(observation)与卵(ovum)的第一个字母都是O,而假设(hypothesis)和母鸡(hen)的第一个字母都是H,因此这场争论又被诙谐地称之为先有H(鸡)还是先有O(卵)的问题。其实,科学也好,创新也好,归纳与假设两种方法都是需要的,不应该将其对立起来。

2. 工匠传统与科学家传统

美国科学史家斯蒂芬·F·梅森提出科学史上存在着"工匠传统"与"科学

家传统"。[1]

所谓工匠传统是以匠人为代表的注重实际、注重应用的传统,典型地存在于技术发明过程中。工匠传统的特点是注重有效、精巧地解决问题。工匠所表现的是一种坚持、坚韧、耐心,不急于求成但追求精湛的精神。这一传统今天被工程师、应用领域的发明家、从事应用研究的学者们继承下来。很多经验、公式、实用模型也许无法从某个理论前提中推导出来,甚至也无法以严谨的逻辑关系加以证明,但却能有效地解决实际问题。

科学家传统则是从事基础理论研究的学者和科学家们所秉持的另一类传统,其特点是使用抽象的科学语言和形式化的符号系统,寻求事理、讲究逻辑的严谨性与体系的完整性。

在古代和近代科学技术发展的早期,工匠传统和科学家传统的分野是比较明显的。但随着科学技术的进步和时代的发展,两种传统开始呈现出联合或融合的趋势。应用研究需要理论上的支持,理论研究中的创新和突破为应用研究打开更大的进步与发展空间,甚至引发应用和技术上的革命。

今天的创造者们,既需要有科学家的严谨思维的头脑进行思考和设计,也需要有工程师的经验和智巧的双手把抽象的概念和原理变成工程现实。

第三节　社会管理体制

社会管理体制是一定社会管理制度、管理模式与管理行为的总和。

社会管理体制对创造活动的影响是多方面的。

一、创造活动对社会管理体制的要求

创造活动需要社会支持,同时创造活动也有自身的规律。社会支持要顺应创造活动的规律,否则会干扰创造活动的进行。

创新需要相对自由的环境,需要一种在能力与贡献前提下讲求公平、公正

---

[1] [美] 斯蒂芬·F·梅森著,上海外国自然科学哲学著作编译组译:《自然科学史》,上海人民出版社,1977年版,第128～131页。

的社会管理体制。首先需要的是尊重知识、尊重人才、尊重创新思想价值的社会意识与社会氛围。

在一定的意义上可以说，管理体制是管理思想观念的沉淀和固化。管理思想与传统的形成受生产和生活方式的影响。

古希腊的文明和后来的航海、贸易、地理大发现，对西方文明的发展影响重大。航海贸易离不开船。船上空间有限，容不下闲人，每个人的职责作用明确可察，在个人能力基础上进行团队合作才能保证安全航行。这种生产方式下，个人的贡献和能力会被看重，久而久之，尊重个人、重视个人的独创作用、尊重思想的价值也就成为一种传统。

在教育上，古希腊的苏格拉底、柏拉图创办学园，没有统一的教材，更没有统一的标准答案，有的只是参与者不断地提出问题进行辩论，启迪的是思想，追求的是独立、严谨的思考。这也为日后的科学主义传统打下了思想和教育的基础。

反观东方的农耕社会，生产周期长，个人作用不易分辨，只能要求个体必须参与集体劳作，凡参与者均有权参与利益成果分配，久而久之，也为"不患寡而患不均"的思想提供了心理土壤。一个人再能干、再有想法，要想在短时间内改变群体的观念，特别是抗衡传统的保守力量也是很难的。

创新活动需要社会在管理观念、管理制度和管理行为上为其降阻助力。

在观念上，要树立尊重科学、尊重独创性思想和创新者权益的主流社会意识；在管理制度方面，要确立尊重和保护创新思想和创新者权益的各种社会管理制度，包括法律法规、专利制度、评审评价制度、监督管理制度等等；在管理行为方面，对有碍创新的行为要有快速发现、及时治理的能力和机制，对各种胡作非为和不作为的行为要有及时发现和及时遏止的能力和机制。

二、行政管理恰当性的标准

行政管理是国家通过政府部门和社会管理机构对相关事务进行管理的行为过程。

无论一个项目、一个组织还是一个社会，创造活动要有序进行，管理必不可少，包括行政管理。但如何管理，却是一个问题。

对于任何一件事情来说，做好的标准是不欠、不过。欠者不足，过犹不及。

管理的最基本形式，也是管理的最低水平表现就是"管制"——让你干什么你就得干什么，不准你干什么你就不能干什么，否则就"收拾你"！这是一种强权管理模式，或是权力的强力运用方式。这种模式得以生成和存在的前提条件之一是权力不受或较少受约束。

管理的现代形式，也是管理的最高水平表现则是"服务"——尊重事物本身存在与发展的规律，尽力提供一切可能提供的资源，创造发展所需的一切条件，余下的就交给专业人士和时间。在这种管理模式下，权力本身是受到约束的，除了服务的权力之外少有其他的权力。

除了提供必要的资源和法治保障之外，行政权力不应直接染指具体的创造活动。除了需要在国家层面上组织协调的重大项目之外，日常的创新管理应该交给专业或行业自律组织，减少外行决策和行政干扰。专业或行业自律组织的权力也应该存在客观的制约，任何失去制约的权力都必然会导致各种问题。

在一个比较理想的法治社会中，权力来源的合法性、权力行使过程的规范性、权力行使结果的公平公正性，以及权力一旦发生滥用误用后的"发现—纠错—问责"的及时性，都是应该得到保证的，否则这种权力就是一种有缺憾甚至会导致严重问题的权力。

三、防止科学以外的因素干扰学术创新

创新活动离不开一定的社会环境。社会环境也会影响创新和科学发展。

非科学因素对创新活动的干预可以来自两个相反的方向，一是"棒杀"，二是"捧杀"。

所谓"棒杀"，就是以非科学与非学术的力量压制、打击创新者，剥夺其资源和机会，诋毁其名誉，从而阻滞创新活动的开展。

爱因斯坦曾不无调侃地说过自己和相对论的命运："如果'相对论'被证明是对的，那么，德国人会说我是德国人，瑞士人会说我是瑞士公民，法国人会称我是伟大的科学家；如果证明是错的，那么法国人会说我是瑞士人，瑞士人会说我是德国人，而德国人会说我是犹太人。"[1]

如果上述调侃的还只是一种民族主义情绪的话，那么下面的事例则是政治

---

[1] 潘羽：《爱因斯坦谈相对论》，《海外文摘》，1989年第5期。

棒杀科学的极端恶劣的情形了。二战期间，爱因斯坦为躲避纳粹的迫害已远走美国，但纳粹政权仍不放过对他的诋毁，他们在德国组织了100位教授编写了评论集，列举"相对论"的种种所谓的错误。爱因斯坦知晓后说，若他真的犯了错误，或许只要一个教授指出就够了。

在人类文明进步的今天，对科学和创新活动的棒杀已然少有，但另一种同样愚蠢的行为"捧杀"，却亟须引起注意和矫正。

所谓"捧杀"，就是对先期取得了一些成就，已经无法对其进行压抑的创新者，有意无意地给予过分的、超乎寻常的功名利禄，进而使其不再或不能专注于原本已经取得成就的领域或项目，最后葬送其创新事业。此外，中国素有"十年寒窗无人晓，一举成名天下知"的功名情怀，有些人一旦做出一点儿成就，各种功名利禄便纷至沓来，进而形成"赢者通吃"的格局。更有甚者，有些人为了保住既得利益，结党营私、排斥异己，形成新的权贵学阀或利益集团。其实，在美国，即使是诺贝尔奖获得者，也没有一劳永逸的光环和特权，如果不再能做出新的成就，也有可能得不到基金的支持。

棒杀与捧杀，表面上看是完全相反的二极，但结果是二极相通。前者得不到必要的资源，后者则造成资源的过度集中与浪费，二者对创新活动的结果同样都是极具危害的。

四、社会管理体制对创新活动要有足够的宽容

同样是创造性活动，基础科学与应用研究的规律和要求不一样，文史哲与科学技术也不一样。一个有利于创新的良性的社会管理体制，对创新活动要有足够的耐心和宽容，急功近利的短视会窒息社会的创新活力。

不同领域的创新有不同的特点和要求，评价标准和评价体制也应有所不同。那种"一刀切"，先把课题级别或发表论文的杂志分成三六九等，再以成果的级别和数量决定其价值、荣誉和进一步获取资源资格的做法，最终将导致创新路绝。

布莱恩·克比尔卡（Brian Kobilka）是2012年诺贝尔化学奖得主，他在斯坦福大学医学院从事研究工作的十几年里一直没有取得什么具有"重大突破"的成果，以至于连最擅长支持长周期高风险研究的HHMI（霍华德休斯医学研究所，Howard Hughes Medical Institute）对他都没有耐心了，在2003年左右停掉了对他的基金支持。那几年，布莱恩连博士后助手都没有条件招，只能自己做实验。但斯坦福大学医学院没有因此而将其考核为"不合格"，亦没有将其逐出校门，这恐怕是学院给他的最重要也是最需要的支持了。所幸的是，他坚持下来并取得了最后的成功。[1]

日本科学家下村修早年并未受过良好的学校教育，在获得诺贝尔奖之前也一直默默无闻，既无行政职务，也未担任过任何学术团体的负责人，他只是对生物发光现象有着浓厚兴趣，常年坚持不懈地从事生物发光物质的研究，最终获得了2008年的诺贝尔化学奖。[2]

创新活动最怕的不是得不到人们的理解和资金的支持，而是没有一种宽容、合理的制度保证创新者拥有最需要的资源：耐心和时间。

第四节　教育与人才培养

一、教育的目标是什么

教育的本义是培养人。问题是：培养什么样的人？

从创新发展的需要来说，教育要培养科学与人文精神兼备的、具有独立人格的人，自由而全面发展的人。

对于什么是科学与人文精神，人们的论述可谓见仁见智。在人文与社会科学领域，对一个问题不可能也不应该有"权威"指定的标准答案。

近代科学系统发端于西方文艺复兴之后的欧洲。在经历了漫长的封建中世纪之后，近代资产阶级以"文艺复兴"的方式在精神与文化领域率先向封建专制提出了挑战，以伽利略为代表的实验科学家为反对封建专制、独裁和愚昧的思想统治提供了科学思维的基础。在这个意义上可以说，科学与人文精神本质上也是近代资产阶级反封建的思想革命的旗帜和产物。相比于愚昧和独裁的封

---

[1] 杜洋：《记我的博士后导师 Brian Kobilka：当之无愧的科学英雄》，科学网。
[2] 周程：《杰出人才是怎样炼成的？——下村修荣获诺贝尔化学奖案例研究》，《第七届中国科技政策与管理学术年会论文集》，2011年。

建主义而言，资产阶级与资本主义生产方式的出现无疑是一种历史的进步。当然，从人类文明发展的延续性来说，科学与人文精神也是在历史的长河中一路或缓或疾地发展而来的，只是在欧洲近代文艺复兴这个特殊的历史阶段呈现了爆发式的加速发展。1919年中国"五四"运动祭出的"德先生"（民主）与"赛先生"（科学）两面大旗，也是对人文与科学精神的启蒙和呼唤。

人文精神的诠释可谓多种多样、千差万别，但本质特征可以概括为：自由、平等、尊重、责任。

自由是人和动物的天性，也是创造和任何其他活动的前提。自由并不意味着人的行为可以不受任何约束。人的行为在任何时代、任何国度都会受到法律和道德规范的约束。这里所说的自由是指人的思想和行为不应受到反科学、反人性的约束。专制与民主的区别不在于有无约束，而在于约束什么和如何约束。民主只用法治约束人的行为，但不会约束人的自由思想；专制则不仅要用恶法和强权管制人的行为，而且还要管制、统治人的思想，规定人们必须怎样想、怎样做。

对创造问题来说，人最需要的是一种"心灵的自由"。对此，爱因斯坦的论述最为经典：

> 科学的发展，以及一般的创造性精神活动的发展还需要另一种自由，这可以称为内心的自由。这种精神上的自由在于思想不受权威和社会偏见的束缚，也不受一般违背哲理的常规和习惯的束缚。这种内心的自由是大自然难得赋予的一种礼物，也是值得个人追求的一个目标。只有不断地、自觉地争取外在的自由和内心的自由，精神上的发展和完善才有可能，由此，人类的物质生活和精神生活才有可能得到改进。[1]

2003年诺贝尔物理学奖获得者莱格特也如是说："因为科学技术真正的创新，必须建立在能够自由挑战人们最深信不疑的观念上。"他在谈及自己获得诺贝尔奖成果时回忆道："1972年，'超流体氦-3'这个物理系统的第一批实验结果出来的时候，我正在英国苏塞克斯大学工作。我对这些现象的第一反应是非常惊讶，这有可能意味着当时已经存在了50年的量子力学学说是错误的。因为

---

[1] 赵中立、许良英编译：《纪念爱因斯坦译文集》，上海科学技术出版社，1979年版，第65页。

这个想法如此出格，如果是在今天的许多大学，像我那样一个没有任何名气的年轻教师，恐怕不会有勇气去投身这个完全未知的研究领域。幸运的是，苏塞克斯大学有一个宽容失败、鼓励创新的学术氛围，我又是一个不信邪的人，最终我得以从事研究这个全新的领域。最后，量子力学被证明还是正确的，但我沿着这个思路所取得的发现却让我在2003年获得了诺贝尔奖。"[1]

平等不是否定人的社会分工与社会差别，而是反对任何超越社会分工与合法履职所需条件之外的特权。封建文化的特点就是想方设法地谋求"不受约束"的权力，利用手中的权力人为地制造、夸大和维护自己的特权。民主与专制的区别不在于有没有权力，而在于权力在来源的合法性、行使过程的规范性以及行使结果的公正性方面是否受到有效的约束和保证，在于一旦发生、发现权力被滥用或误用时，纠错机制的存在性、及时启动的可能性。

在科学与创造问题上，每个人都有平等参与、平等交流、平等对待的权利。如果一个人有了（或自以为有了）一点儿成就，就变得趾高气昂、不可一世，特别是这种情形如果还得到了一种制度的保障和叠加支持，使其在地位、权力、资源和机会的分配上具有了排他的能量，那么，这些人就成了后封建时代的新权贵。这种情形的出现，必然会造成学术资源分配上的不平等，发展机会上的不平等，进而阻滞创新人才的出现、扼杀创新精神、污染与恶化学术乃至社会的环境与风气。

在一个经历了漫长封建专制文化浸淫的社会里，人们的"心理与行为辞典"里不是没有"尊重"的概念，而是设定了不合理的尊重对象和价值标准，这种对象和标准在古代是"官位"，在当代则又添加了"财富"和"名气"，而且不问这些东西之前的来历和之后的作为！创新需要一种与之完全不同的对象和标准——尊重人、尊重生命、尊重知识、尊重有创意的思想和想法、尊重他人同样的权利。在一个价值扭曲的社会里，创新是很难得到应有的理解、尊重和支持的。

人文精神的本质核心应该是一种责任观念或责任意识。自由也好，平等也罢，尊重与否，最终都要落实到"责任"——对自己、对他人、对社会的责任。无论主观上有意识与否，人在客观上总是要承担一定的社会责任的。人必然要

---

[1] 莱格特：《不信邪才能有创新》，《光明日报》，2014年8月16日，科学网。

为自己的行为承担一定的后果，无论自觉还是被动。这既是责任的要求，也是责任的体现。权力可以交接，责任却不能推脱。

人文精神是人类文明的基础，也是创造活动所需要的重要的社会—心理条件。

除了人文精神，创造活动还需要科学精神。科学精神的本质是：独立、批判、敏锐、严谨。独立是科学存在的基础，批判是科学精神的灵魂，敏锐是科学发展的契机，严谨是科学发展的保证。

"独立"就是不盲从。对他人的意见、观点，既不会人云亦云，也不会盲目排斥，而是要经过自己的判断思考。思考的结果可能是接受，也可能是排斥，也可能是另辟蹊径，提出自己的思想观点。没有独立的精神和习惯，就不可能有科学的发展。

"批判"不是简单地批评或否定别人，而是对任何理论、结果都要持一种"挑剔"和"审视"的态度去质疑，努力寻找和发现其不合理、不完善、不自洽之处。"批判"首先是一种精神层面的要求，要敢于质疑；其次是方法上的要求，对任何事情都要问一个"为什么"。即使是权威说过的，前人实践检验过的，也可以重新考问：真的是这样吗？在新的条件下，原有的理论、结论还成立吗？能不能找出反例？有没有相反的可能？有没有其他的可能？有没有调整、修改甚至是重建的可能？能否或如何将原有理论与方法拓展、应用到其他领域或情境中去？"批判"是科学精神最本质、最有价值的东西。从科学精神的意义上说，科学的本质是反"权威"的。科学发展的过程，就是一个原有权威理论被不断质疑、修正、补充，甚至淘汰重建的过程。

上海交通大学讲席教授、诺贝尔奖获得者莱格特认为，"如果建设一个真正的创新型国家是中国未来必须坚持的发展方向，中国的大学就必须致力于发展这样的学术环境，让敢于挑战传统的原创研究不仅被允许而且被推崇看重。……在与其他学科的交流中产生的新想法，很可能会挑战最权威的专业理念。这样可能会让有些人觉得不舒服，但这却是改变世界、建设真正创新型国家的重要组成部分。……更进一步地说，我相信提供和维护一个推崇新想法、允许挑战学术权威的学术环境，是吸引世界顶尖人才的必要条件。假如我个人考虑来中国长期工作,这样的学术环境将是我作决定的重要因素。"[1]

"敏锐"是要求人对事物的观察和思考要有机敏的反应,能够看到别人看不到的东西,想到别人想不到的层面(但又不是幻觉,否则成了精神病早期症状)。机敏才能发现契机,机敏才能赢得先机。

"严谨"至少包括四层含义:一是概念、原理或理论在逻辑上要自洽,不能存在漏洞或矛盾;二是研究成果或结论都要能够经得起科学的细致、重复检验;三是所构建的学说、理论等成果在结构和内容上具有系统的合理性和严整性。最后,严谨还要求人们把应该做到的也能够做到的事情,一次做好。

独立更多的是一种品质,批判是一种精神,敏锐是一种素质,严谨则是一种习惯。

要培养人文与科学精神兼备、具有独立人格的人,教育的责任重大。大学和科研机构在科学发展中的地位与作用包括但不限于:提供关于人类文明发展与创新的正确的价值观念,尤其是要提倡尊重创新思想的价值、尊重新思想的首创者;为思想和文化的传承持续地提供时间和空间;不断地对科学与文明的发展进行前沿探索;培养能够承担和完成前述任务的各类人才。

二、人才的本质特征

理论和计划再完美,离开了能够实践理论和落实计划的人才,一切都会是空谈。

什么是人才?一提到人才,人们首先想到的往往是"学历""职称""专家"……其实,这些都只是人才的外部形式特征而非本质特征。

人才的本质特征是"肯干且能干"。肯干需要积极的态度,能干则需要知识和能力。即:

人才 = 肯干 × 能干

或者是:

人才 = 态度 × 能力 × 知识

具体地说,要把事情做好,只需要这三个主观条件。

相关知识是基础,没有知识会把事情做错,这一点无须赘言。

---

[1] 莱格特:《不信邪才能有创新》,《光明日报》,2014年8月16日,科学网。

能力是运用知识去解决问题,能用知识解决难题则是创新能力的表现。只会背书考试,却不会用知识解决问题的人则是人们常说的"书呆子"。能力的普通心理学定义是"顺利、有效地完成任务所必需的心理特征"。"顺利"是要"快","有效"是要好,因此评价能力的操作指标就是"快"和"好"。如果大家都能做好,你要比别人快;如果大家都能很快做完,你要比别人做得好。那个做得"又快又好"的人,就是能力最强的人。评价日常工作能力是如此,评价创造能力也是如此。

态度的社会心理学定义是"(态度)主体对态度对象的一种评价"。相对稳定的社会态度则是"以一定的知识、经验和观念为基础的,指向一定对象的,持久、稳定的反映倾向"。态度的现实表现为"想做事,且想把事情做成、做好"。态度的评价有很多方法,现实中最简单的态度评价方法就是以能力的发挥程度作为量标。具体而言:

态度 = 实际做到的 / 能够做到的 × 100

这个关系式表明:人的能力虽然有高低之分,但尽力或努力程度则反映了其态度。

态度与人的理想、信念、价值观或世界观相关。现实中对人对事的态度往往也反映着一个人的综合素质。

现实中很多人都会觉得自己的"态度"没问题,个人所拥有的就是能力,缺的只是机会。可实际上,情形可能恰恰相反。在人类文明发展过程中,人所缺的永远不是机会,而是发现机会、创造机会、把握机会的能力,以及支撑一个人自觉、积极、坚定地去这样做的态度。在机会面前,人大致可分为明显的三类:创造机会的人、把握机会的人和丧送机会的人。

真正的人才,是能够创造机会,至少是把握机会的人。给他一次机会,他能给自己或组织带来下一次发展的机会,这是能使机会增值的人。在没有机会的时候,最优秀的人会努力发现和创造机会。

也有的人,虽然发现、创造机会的能力欠佳,但只要把任务交给他就可以放心了,能做到十分好,绝不会做到九分半。此事以后不做则罢,要做,人们第一个想到的就会是他。表面上看,机会是撞上的或是别人给予的,但从做事的态度和方式上说,机会是他自己争取来的,他用自己的努力和能力,打败了其他明显的或潜在的竞争对手,从而牢牢地把握住了机会。

不幸的是，现实中很多人却是第三种人——丧送机会的人。这种人是人才的赝品，可能具有人才的一切外在形式，而唯独不具备人才的本质特征——肯干且能干。要学历，他们学历不低；要能力，他们也能够做事；要经历，他们的经历可能也不简单；要过去的成就，他们可能也有过辉煌，可就是现在，他们或者不肯干了，或者不能干了，只要有其中一条，他们就不再是人才。譬如，给他们一些材料，本来是可以做成一张桌子的，但他们或者漫不经心、下错料造成损失，或者能力不济一再地返工，最后把做桌子的材料做成了一个小板凳。但不要以为这张小板凳会做得很粗糙，他也可能精雕细刻达到了工艺品的水平，不会评价的人也许会认为"金无足赤，人无完人"，虽然桌子没做成，但好歹做的板凳还不错，甚至以为意外地发现了一个做板凳的人才。但是，请注意，这种人是把本来可以做一张桌子的材料做成了小板凳。下回即使是做板凳，你会用这种人吗？显然，这是一种会使机会"缩水"，甚至是丧送机会的人。如果换作第二种人，他可能会做出十张同样精致的板凳，因为这些材料做板凳的话就是能做十张的，他既不会多做出来一张，也不会少做一张。而如果是第一种人，他可能用十张板凳的材料，做出十二张甚至更多同样精美的板凳。他怎么做到的？他会精心下料，嵌套利用，包括寻找其他代用材料！

能够创造机会、使机会增值的人是"帅才"，能够把握机会的人是"将才"，那种丧送机会的人则是"庸才"。

这三种人的分野不是在机会降临的那一刻决出的，而是在机会还没有到来时便已有分晓了。前两种人，没有机会的时候在准备自己的能力，一旦有了机会就会牢牢地把握住机会，成就一番事业。而后一种人在没有机会的时候只会抱怨，可真正有了机会时才发现，他真正缺少的根本就不是机会，而是把握机会的能力。

人才管理的原则其实也简单：给帅才以权力，让他们可以在授权范围内临机决断；给将才以资源，特别是发展的机会，这是投资回报率很高的一类人；对于庸才，则要给以环境，一种有压力的环境，使他们要么改变自己，要么另谋他就。

一个人的综合素养决定了他能走多远。要成为大师，得有大师的头脑、心胸和胆魄。

教育应该培养什么样的人？理论上似乎不是一个太复杂的问题：培养将

帅之才，人文与科学精神兼备、具有独立人格的人！也就是钱学森大师所说的"高素质的人才"。

评价一个大学的办学质量、学术水平和发展潜力，不能仅仅看它拥有多少课题、经费和"大师"，还要看这些大师是怎么来的，来了之后是否还能一如既往地发挥作用，是否有更好的发展。真正一流的大学不仅有大师，而且有不断培养和产生出大师的学术传统与管理环境。要直观地评估一所大学或研究机构，最简单的方法一是看着它的图书馆：馆藏图书资料的丰富性、查阅的方便性和利用率；二是看着它的实验室：设备的先进性和使用率。

三、创造力保护与开发

创造能力人人都有。创造力需要通过教育训练得到开发和提高。

人的创造力是很脆弱的。人的生理需求受到压抑时，躯体反应会是明显甚至是强烈的。但创造力受到压抑甚至扼杀时，人却往往是"不知不觉"的。

在一堂小学自然课上，老师口干舌燥地讲了一节课"水的三态"（液态、固态、气态），最后提问："雪花儿融化了是什么？"结果有个学生回答"雪花儿融化了是春天"，招来了老师的一顿训斥——雪花儿融化了是水！你这堂课是怎么听的？……且不论这学生是听课心不在焉还是回答别出心裁，这位老师的应对至少从保护孩子创造力的角度来说是欠妥的。从创造心理的角度说，"雪花儿融化了是什么？"答案不是唯一的，雪花儿融化了是春天，远古时期的人类就是这么认识的，物候学家、农学家就是这么认为的，诗人、文学家也是这样说的。这位老师在传授知识方面也许很认真，但作为教师却不能说是合格的。一个好的教师不仅仅是传授知识，更要唤起学生对知识的热爱、对科学的尊重和向往，对探究未知的兴趣，而不仅仅是死记硬背一些标准答案。死记硬背、死灌硬输、破坏兴趣、毁灭思考的教育方式首先扼杀的就是人最宝贵的想象力、独立思考能力和创造力。"雪花儿融化了只能是水"——如果学生就是这样被"教育"的，那么未来的物候学家、农学家、植物学家、文学家、诗人、艺术家……就都没有了！

对创造力进行开发、保护，还是无意中压抑、扼杀，最重要的人往往是三个：父母、老师和"重要他人"。

父母是人生的第一个老师，然而却未必都是合格的老师。孩子的天性是活泼好动，对一切都充满了好奇。一个好的老师应该是保护学生的好奇心和探索欲，激发他们对知识的渴求和热爱。任何观念和行为，只要不是反社会、反人类文明的，不会对自己和他人构成危害或妨碍，就应该允许其存在，允许其自由地探索。在保护和开发人的创造力方面，我们的教育和教育工作者还有太多的事情要做。关于创新教育的论述已是汗牛充栋，本书不拟在此展开创新教育的讨论。

"重要他人"是社会心理学的一个概念，原本是指对人的自我发展起重要影响作用的人。通常情况下，人在孩童时期的重要他人无疑就是父母，上学后老师逐渐成为父母之外的重要他人，也成为孩子们反抗父母权威的第一个外来力量。小时候对父母言听计从的孩子，上学后对抗父母权威最经典的话语就是："这是老师说的！"随着人的成长，重要他人亦呈现多元化的趋势。小学中高年级时，小伙伴的影响开始上升，初中和高中阶段，文学作品或现实中某些被视作成功标杆的人，甚至明星、偶像都可能成为其重要他人。走上社会、参加工作之后，领导、同事、有重要关系的人都可能是"重要他人"。重要他人的意见通常具有较大的影响力，但越是这样，当涉及创新问题时，越要对重要他人的意见进行审慎的分析，不要让创新之外的社会因素影响了科学的判断。

保护和开发人的创造力，不仅仅是父母、老师和重要他人的责任，而是整个社会的责任，也是每个人的责任。这种责任要求人们对创新、"异想"给予适度的宽容，只要它有合理性，不反社会和人类文明，就应该允许其存在，由科学和社会实践去做最终的决断和取舍。

后　记

这是一部迟到的书著。迟到之久，涩颜难状。

30 年前，从武汉大学（今哲学院）硕士毕业后携笔从戎，先去云南边陲基层锻炼，次年回到解放军国防科技大学，开始给全校研究生讲"科学研究的方法论"。这所军内久负盛名的学校，研究生亦为国防科研的未来精英。他们的专业研究自然不需我这个外行置喙，但偶尔提及科研中的心理现象，则立刻引来他们关注的目光和热切的讨论。当时即萌生了为其写部《科研心理学》的想法，并相约了"第一批读者"。孰料光阴荏苒，环境变迁，为稻粱谋，求阖家聚，一步三回首地离开了那座绿色的大院，定居江南一晃就是廿载。其间仍然是上课，课余又多了管理顾问、政府培训等诸多事项，经历所及，深感管理学、心理学应列为至少是高等教育的通识课，管理创新、创造心理的常识应该普及。

然世事不由人。有心时无力，有力时无暇，有暇时又无胆甚至一度无心了。所谓有心时无力，是无财力，出书不指望挣钱，但绝不愿贴上居家过日子的碎银作为"出版费"再沦为包销"卖书之奴"。就这么又给苏州大学的各路弟子们上了若干年无教材、无品牌、无名气的"三无"课程，好在有学生、学院和学校的鼎力支持，有了出版资助。然此时的教育科研管理大环境与昔日已大不相同，象牙塔里关注的焦点已是国字头的项目和 SCI 的数字，教学包括教材都成了鸡肋和"良心活"（本来也是）。在这种价值导向和绩效评估的压力下，再在教学、教材上投入时间和精力，就如同把兵力放到非主攻方向上，颇让人感觉是事倍功半，得不偿失。真令人欲做不能，欲罢不忍。加之"已知"之圈越大，与圈接壤之无知领域亦越大，深恐力有不逮，既误人子弟，又贻笑大方。

彷徨迷茫之际，得挚友励之：为职业生涯画个句号也好。尤其是空警2000大型预警机升空之后，一大串功臣专家教授的名单中，当年曾因报告不精被我"挂"在国防科大讲台上批评过的博士生也赫然在列，这更令我无地自容。遂下定最后决心，了此一事，亦告慰教书匠之职业生涯。不为名利，留个供后人踩踏垫脚之石也好，亦不食对当年弟子及众师友之诺。

封笔之际，特别感念当年国防科大的一众学员与同事挚友，乐于助人、终日忙碌、默默提供资料情报服务的战友更是令人感怀；感谢苏州大学教育学院前后两任院长许庆豫教授和冯成志教授在教学计划审订和教材立项上的鼎力支持；感谢06级研究生秦臻、张玲玲同学帮我整理和录入了十余年间收集的上千张纸质卡片资料（尽管很多已经老旧得不能用了）；感谢13级研究生赵星，14级研究生郭慕欣、焦春岚，15级研究生陈雪、高慕烨、张亚飞等众同学帮我收集整理了新近的资料。感谢陈雪同学帮我细心地校对，编辑了全书所有的引文和脚注；也感谢多年来一直在选修《创造心理学》课程的所有同学。你们的支持，是我得以坚持下来的动力。

在科学发展过程中，提出问题比解决问题更重要。如果这本书付梓后能引来各种质疑和批评，亦不枉笔者这些年来在讲台上的独自坚守。是以不揣浅陋，了此抛砖拙作，期盼学界同仁们有真正的精湛之作面世。

2016年7月11日凌晨
定稿于苏州

图书在版编目（CIP）数据

创造心理学/阎力著.—上海：华东师范大学出版社，2016
ISBN 978-7-5675-5696-6

Ⅰ.①创… Ⅱ.①阎… Ⅲ.①创造心理学 Ⅳ.①G305

中国版本图书馆CIP数据核字（2016）第219225号

大夏心理·心理教室

创造心理学

著　　者	阎　力
责任编辑	任红瑚
封面设计	百丰艺术
出版发行	华东师范大学出版社
社　　址	上海市中山北路3663号　邮编　200062
网　　址	www.ecnupress.com.cn
电　　话	021-60821666　行政传真　021-62572105
客服电话	021-62865537
邮购电话	021-62869887　地址　上海市中山北路3663号华东师范大学校内先锋路口
网　　店	http://hdsdcbs.tmall.com
印刷者	北京密兴印刷有限公司
开　　本	700×1000　16开
插　　页	1
印　　张	15
字　　数	224千字
版　　次	2016年11月第一版
印　　次	2016年11月第一次
印　　数	6 100
书　　号	ISBN 978-7-5675-5696-6/B·1044
定　　价	39.80元
出版人	王　焰

（如发现本版图书有印订质量问题，请寄回本社市场部调换或电话021-62865537联系）